实验设计与参数优化：

理论与应用

贺深泽 著

西南交通大学出版社

·成 都·

内容提要

本书讲述新技术（新产品）开发过程中减少实验数目，减少实验消耗，缩短开发周期，降低开发成本，快速开发出质量优良、成本低廉的产品的基本理论、基本方法与实践。本书提供了多种化学过程的实验模型设计与实例，提供了多个复杂化学过程的微分方程的积分并展示了模拟运行图，也研究了不等容全混釜串联装置的停留时间分布密度函数与分布函数。遵照一般的数学方法定义了零相关-弱相关试验设计的概念，研究了它们的存在条件与构造方法，用直接法构造出了运行数直到 38 的超立方与固定水平类型阵列及若干个混合水平零相关阵列例；描述了新技术开发的基本试验统计模型，并开发了配套软件。本书可供科学实验与工程技术人员和高等学校有关专业学生学习试验设计与试验分析参考。

图书在版编目（CIP）数据

实验设计与参数优化：理论与应用 / 贺深泽著.
成都：西南交通大学出版社，2025.4. -- ISBN 978-7-5774-0231-4

Ⅰ. 0212.6；0221.8
中国国家版本馆 CIP 数据核字第 20246HS618 号

Shiyan Sheji yu Canshu Youhua：Lilun yu Yingyong
实验设计与参数优化：理论与应用

贺深泽 / 著

策划编辑 / 郭发仔
责任编辑 / 何明飞
助理编辑 / 卢韵玥
封面设计 / 墨创文化

西南交通大学出版社出版发行
（四川省成都市金牛区二环路北一段 111 号西南交通大学创新大厦 21 楼　610031）
营销部电话：028-87600564　028-87600533
网址：https://www.xnjdcbs.com
印刷：成都蜀通印务有限责任公司
成品尺寸　170 mm×240 mm
印张　15　字数　230 千
版次　2025 年 4 月第 1 版　　印次　2025 年 4 月第 1 次
书号　ISBN 978-7-5774-0231-4
定价　78.00 元

1969 年春，东北边陲珍宝岛发生了战事，大批企业紧急内迁之际，作者奉命随妻迁往西部一家化工厂。化工厂里没有数学岗位，被派到化学工艺实验室参与新型材料开发实验，从而有机会接触生产实际并探索科学实验与生产过程中用数学解决工艺优化问题的方法。

回想起大学毕业时，系主任张远达教授教导我们，数学系大多数毕业生终将同边缘学科打交道，数学也最有可能在学科交叉处展现魅力并得到发展。为了同边缘学科合作，要多读书，不妨把边缘学科书籍当小说来读。我喜欢化学，决心当好化学家的助手和合作者。谨遵老师的教导，通读我能找到的化学、化工类书籍。就这样，走向了实验设计、试验设计与参数优化的理论与方法的探索之路。

作者有幸参与了一些新型材料的开发过程，学习和实践了如何用最短的时间、最少的实验和最小的消耗，开发出质量好、成本低廉的产品的方法。当遇到问题时，尝试从系统的角度观察实验现象，努力解释这些现象，应用数学方法处理实验数据，寻找解决问题的方法。这本书汇集和整理我的部分学习与科研随记。归纳我的心得，得到了两项结果。

一、实验应该有规划，按计划有步骤地实施。开发过程在产品概念设计、实验模型设计、系统设计和参数优化之间迭代。

有了新产品（新技术）的概念之后，在进行系统设计着手实验之前，研发人员需要充分理解产品的科学原理，对实验过程的机制进行假设或猜想，建立实验模型并反复模拟运行，以预测过程的结果和基本规律。按照实验模型的样子和模拟得到的认知构造实验系统。用实验取得的数据来检验实验模型和系统设计，利用这些信息修正和完善实验模型和系统设计。

恰当的实验模型设计是实验成功和工艺优化的关键，只有实验模型符合产品的科学原理，反映了过程的机制，系统设计才能合理。实验模型和系统设计合理，实验迟早会成功，或许一次实验就可以实现预期的目标。相反，如果实验模型不符合产品的构造原理，不能反映过程的运行机制，则系统设计不可能合理，无论做多少实验，无论用什么试验设计技术都无济于事。用这样的观念和方法来观察实验很容易发现系统的故障，找到解决问题的方法，屡试屡成。本书给出了多个真实案例。典型的案例是在十天时间内，只花了 200 元人民币，分三步，三个实验就成功地实现了一氧化氮、二氧化氮制备工艺的优化及它们与三氟乙酸酐合成亚硝酰三氟乙酸酯的一步法工艺。放大 20 倍的中间试验没有出现问题，同时摆脱了没有干冰实验不能进行的困扰，将制备三氧化二氮付出的高昂成本优化到几乎可以忽略。

在化学元素周期表上，硅与碳同族，从实验模型设计的角度看，有机硅化学有类似于碳有机化学的性质，也存在产物选择性问题。从这一认知出发，可以解释有机硅合成实验中的许多现象。使用这一观念来思考和观察有机硅实验过程可以得到推论，全混流实验模型不是复杂化学反应的优选模型。在钠缩法制备烷基乙氧基硅氧烷的实验中得到了成功的验证，为解决复杂气固催化过程中降低副产物的浓度，提高选择性提供了思路。

二、新产品、新技术的开发过程大多为多因素多目标优化问题。应用统计学方法处理实验数据优化工艺参数已成为共识。

统计学有基本结论，参数估计值之间没有相关性的充要条件是试验设计的相关矩阵是单位矩阵 I，即试验设计矩阵应该是正交的或零相关的。作者的实践经验证明，当正交设计或零相关设计不存在或不能构造出来，或由于某些原因造成了误差不满足正交条件，可以用弱相关试验设计来近似。设计是弱相关的，参数估计之间的相关性也将是弱相关的，可以忽略或通过向后逐步回归来消除部分相关性。什么是近似正交？用相关性置信水平来度量，弱相关试验设计具有近似正交的性质。研究正交设计和零相关设计的存在性与构造方法，得到了相应结果，描述在本书的第二部分。

参数优化过程是一个试验设计、试验分析和参数优化的迭代过程，即用正交（或弱相关）试验设计试验点，实验取得数据之后，试验分析得到预报方程的参数估计，然后寻找预报方程最优解。构建实验模型、模拟计算、试验设计、试验分析及方程求解，现代技术开发过程全程不能离开计算机。作者设计了一个试验设计、试验分析与优化系统，这个系统命名为OAO。

优化是一门学问，也是一门艺术，本书提供的是基本模型，仅供参考，抛砖引玉。

作者在化工企业度过了 30 年，以化学过程实例解释作者对实验设计的主张，仅以此作为一种载体，不意味着这些方法只限于化学过程。作为化学家的助手和合作者，谈论化学过程与过程开发，虽有一些实践经验和认识，对化学知识的应用自觉有点冒失，不一定很贴切。特别是涉及过程机理，深感自己知识不足。加之作者已经没有机会用实验来检验和修正这些认识，倍感遗憾。在大多数过程分析案例中，作者倾向于使用"过程机制"而非"过程机理"，并明确指出这些分析是基于宏观视角。作者的实践证明，在多数情况下，特别是在工业环境中，基于宏观分析进行在线优化，并据此做出判断和决策是完全可行的。

诚挚地请诸位对本书不严谨的叙述予以指正。

作者感谢众多同事多年的支持与帮助，感念我的同事与老师黄建名、苏荫苍和钱泽中。

承蒙西南交通大学出版社出版本书，编辑对本书进行了仔细审查并提出了宝贵的修改意见，谨致衷心的感谢。

贺深泽　Email:<heshenze@gmail.com>

2024 年 3 月

第 1 部分　实验模型设计

第 *1* 部分

实验模型设计

第 1 章　化学过程的实验模型

1.1　实验与实验模型

不管是物理、化学、控制、机械、社会学或经济学的实验，一定涉及三个要素：被观察变量、响应及响应与变量之间的关系。有三种关系：

（1）函数关系，$y=f(x)$；

（2）相关关系，$y=f(x)+e$，其中，e 为误差；

（3）没有关系。

其中，x 和 y 分别可以是一组变量，y 的各个成员对 x 的关系可能各不相同。

通常把要研究的过程想象成一个箱子。箱子有外壳，内部有结构。受外壳的遮蔽，箱子内部的结构是看不见的。因此，在研究结束之前，变量和响应二者之间的关系是不知道的。这样的过程被称为黑箱，如图 1.1 所示。

图 1.1　黑箱模型示意

换一种说法，实验过程的黑箱模型就是在实验设计之前不对过程的原理与机制做任何假设。给这个箱子输入一些变量参数 x_i，输出一些结果 y_j，原材料在里面的转换过程完全不知道。反复进行这样的实验，或者是顿悟，或者是系统性的分析，实验者会根据这些输入得到的输出，分析归纳出一些反映转换过程的规律。正如历史上无数能工巧匠凭自己的聪明才智取得了辉煌的成就，创造了无数优异的发明和产品。

开发过程若采用黑箱模型，在黑暗中进行摸索，实验通常带有盲目性，实验数目多，开发过程长，实验成本高。一个系统通常包含许多变量，在一个化学装置上，哪怕是一根管子，也有材质、长度、管径、管壁厚度等许多变化因素，它们的取值会影响传质传热。某些材质可能会有如催化或毒害催化剂的作用，会直接影响化学反应。管腔容积会直接影响停留时间和停留时间分布，影响反应的时间，从而影响反应的输出。用 X_{all} 表示所有因子的集合，它是一个很大的集合。这个集合中的某些因素没有被实验者认识到而客观上在影响着过程。假如我们用这样的 X_{all} 来做输入，并逐一估计其效应，哪怕只估计主效应，实验的数量也会非常庞大，实验的控制系统会非常复杂。即使能完成这些实验，获得的实验数据仍然会像一团乱麻，找不到头绪。因此，在工业试验中，我们不主张使用黑箱模型，而应该有计划地设计试验，使用统计学方法来获取经验的预报模型，由求解预报方程来获取优化的工艺参数。这样才能快速地并高质量地完成技术开发过程。

我们主张在新产品的开发过程中不采用黑箱模型，不意味着否定黑箱模型的价值。黑箱模型在很多方面是有用的，例如，处理无试验计划的实验数据，包括大数据类型的样本，例见 15.1 节。

做任何事情都需要有一定的方法。方法不对，不会顺利，甚至屡战屡败。一旦方法对了，进展就会很顺利，甚至一次就成功。

工业试验的方法论，关键就是要抓住这三样东西：

（1）产品的构造原理和实验过程的机制；

（2）开发过程要达到什么预期目标，即输出 Y；

（3）通过什么措施来实现预期目标，包括构造什么系统和设计什么工艺步骤，即输入 X。

在产品实现之前，产品的构造原理依靠想象，是猜想；实验过程中会发生什么现象，是什么运行机制，也是一种想象和猜测；要达到的目标产生于想象和猜测。有想象和猜测比完全不想象、不猜测要好。有想象和猜测，就能产生预测目标。可以根据想象和猜想来构造实验系统，选取原材料，设计工艺步骤以力求实现目标。为了实现目标，就要努力去理解产品的构造原理，猜测过程中可能发生的现象和运行机制。这种想象与猜测距离过程的真实越近，系统的构造和工艺越合理，实现目标的可能性就越大。这三个要素是一个统一的整体，我们称之为实验模型。在实验之前，充分理解产品的构造原理，猜想实验过程中可能发生的现象和运行机制，设定实验的预期，选取控制和观测的变量和工艺步骤。然后设计实验系统，严谨地进行实验，仔细地观察实验，做好记录。只要实验模型设计符合产品的构造原理，能充分反映过程机制，实验迟早会成功，甚至只需一个或几个实验就能达到目标。即使实验失败或距离预测相差很远，也可以对失败做出有根据的解释，为修正实验模型设计提供有效信息。如果实验模型不合理，无论做多少实验也不会达到目标，无论什么试验设计方案都无济于事。如果事先没有对过程的原理与过程机制进行分析和猜测，实验失败了不能对故障做出合理的解释，也不能为下一步的实验提供确切有效的信息。这样的实验带有盲目性，开发过程漫长而艰辛。

在产品概念与系统设计之间存在一个重要环节——实验模型设计。根据我们在化学过程中的实践，这个环节非常重要。开发过程在概念设计—实验模型设计—系统设计—参数优化之间迭代。优化过程如图 1.2 所示。

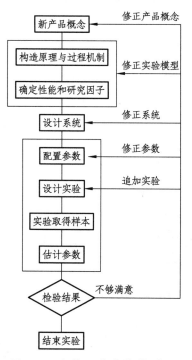

图 1.2　产品开发的优化过程

1.2　三氧化二氮制备实验及其优化

假设我们想开发三氧化二氮（N_2O_3）生产技术，此时 N_2O_3 是一个产品概念。根据一般的化学知识，人们猜想有某两种物质 A 与 B 在适当的条件下进行化学反应可以得到 N_2O_3 以及两种可能的副产物 C、D。

$$a\,A + bB \longrightarrow N_2O_3 + cC + dD \qquad (1.1)$$

在实验室里通常由亚硝基硫酸水解制备少量实验用的 N_2O_3，除了硫酸，它没有别的副产物。其反应式为

$$2NOHSO_4 + H_2O \longrightarrow N_2O_3 + 2H_2SO_4 \qquad (1.2)$$

这是一个非常简单的无机化学实验，工业化目标包括收率 ρ、成本 Cost 和工业化难度系数 D。我们把这个系统设计过程省略掉，暂时只研究收率。由反应式（1.2），可以准确地计算出产率，预期收率为 100%。2 mol 亚硝基硫酸水解后产生 1 mol N_2O_3，1000 g 亚硝基硫酸水解后应该得到 299 g N_2O_3。令 x 代表亚硝基硫酸的物质的 mol 量，y 代表产生 N_2O_3 的 mol 量，预报方程为

$$y = 0.5x + e \qquad (1.3)$$

其中，e 为误差。

实验结果显示实际收率 $\rho_{实}$ 不足 30%，与预期相差非常大。重复实验近千次，仍没有进展。

人们开始寻找收率低的原因，猜想可能影响收率的因素：$NOHSO_4$ 加入量 x_1、搅拌速度 x_2、反应温度 x_3、水加入量 x_4、加水速度 x_5 等。然而无论如何配置这些因子的参数，收率都没有显著的变化。因此考虑副反应的影响，反应（1.2）的副反应为

$$N_2O_3 + H_2O \longrightarrow 2HNO_2 \downarrow \qquad (1.4)$$

要逆转该副反应的成本很高，很困难，于是人们选择接受现实。

仔细观察系统，有大量的尾气输出。这些尾气在离开系统之前是无色的，离开系统接触空气之后，立即变成红棕色，这表明尾气是 NO。NO 的产生是副反应（1.4）不能解释的。

重新认识反应式（1.2）。根据 N_2O_3 的性质，在乙醇干冰环境之外它是 NO_2 和 NO 的气体混合物，仅在干冰温度下冷凝收集才能得到蓝色的

液体 N_2O_3。换句话说，亚硝基硫酸水解产生的不是 N_2O_3，而是 NO_2 和 NO 的气体混合物。因此，修正对亚硝基硫酸水解反应机制的认识，式（1.2）的写法应该修正为

$$2NOHSO_4 + H_2O \longrightarrow NO_2 \uparrow + NO \uparrow + 2H_2SO_4 \qquad （1.5）$$

副反应为

$$3NO_2 + H_2O \longrightarrow 2HNO_3 + NO \qquad （1.6）$$

这个副反应消耗 3 个 NO_2 分子之后产生 1 个 NO 分子，加上这 3 个 NO_2 分子配对地产生的 NO 共有 4 个 NO 剩余，充分地解释了制备系统排出大量 NO 的现象。根据氮的氧化物的性质[1]

$$2NO + O_2 \longrightarrow 2NO_2 \qquad （1.7）$$

给系统输入适量的氧气氧化多余的 NO 的一半，使系统中的 NO_2 与 NO 的比例变为 1∶1，N_2O_3 的产率将达到最大。用 y 代表预期收率，ρ_{past} 代表过去的收率，预报方程为

$$y = (200 + \rho_{past})/3 + e \qquad （1.8）$$

另一种方法是给系统输入与过量 NO 等量的 NO_2，收率更高，但需要制备 NO_2 并付出相应的高昂成本。

工业级亚硝酸钠与工业强酸反应同样可以得到 NO_2 和 NO 的混合气体，这样的制备系统有更高的 NO_2 和 NO 的产率，理论上，1 000 g 亚硝酸钠与强酸反应后可以产出 499 g 的 N_2O_3，非常廉价，操作更方便，产品品质同样优良。

实验中存在一种现象，实验长期不能取得进展，一旦加入某个因子之后，立即取得超乎寻常的进展，其显著性不需要做统计检验。这样一类因子是超显著因子，简称超级因子。用统计学语言说，这样的因子与前述因子不在同一系统之中，而是在另一个系统之中。我们必须修改系统设计。修改系统的依据是对亚硝基硫酸水解反应（1.5）的原理和过程机制的理解以及对副反应（1.6）和回收 NO 反应（1.7）原理的认知。

从这个例子中我们看到，实验设计三个要素：产品的制造原理与实验

过程机制、对产出结果的预测 y 以及影响过程的显著因子 X。这三个要素是一个统一的整体，构成一个不同于黑箱实验模型的实验模型。实验模型是系统设计的蓝图，应按照实验模型设计系统。实验模型中对产品制造原理的理解和对过程机制的认识是一种猜测，实验是检验猜测的手段。实验是否成功取决于实验模型设计的合理程度，即认识是否符合实际。仅当对系统设计原理的认识符合客观实际，充分反映过程机制，实验模型才可能合理，系统设计才可能合理，产品可以很快被制造出来并达到预期目标。只要实验模型合理，实验迟早会成功，只需一个或几个实验就能达到目标。正如本案例实验几乎没有花钱，一次试验就成功地找到了工业化工艺。相反，如果实验模型不合理，无论做多少实验也不会达到目标值，无论多么好的试验设计方案也无济于事。

1.3 亚硝酰全氟酯的制备新方法

亚硝酰全氟酰化物（Nitrosyl Perfluoroacylates）的主要代表有两种：由三氟乙酸酐衍生出来的亚硝酰三氟乙酸酯是亚硝基氟橡胶的单体亚硝基三氟甲烷的中间体；六氟戊二酸酐衍生出来的亚硝酰全氟戊二酸酰化物是生产 γ-亚硝基全氟丁酸的中间体 [5, 7-11]。

亚硝酰全氟酰化物的现有制备方法源于美国 3M 公司的 D.E.Rice 和 G.H.Chaford 于 1963 年发表的论文，是一种由全氟酸酐 $(R_fCO)_2O$ 与 N_2O_3 的液相反应制备亚硝酰全氟酸酯的方法，反应式为

$$(R_fCO)_2O + N_2O_3 \longrightarrow 2R_fCOONO \quad (1.9)$$

因为 N_2O_3 仅在 −3.5 ℃ 以下才能存在，在 −21 ℃ 以下才能稳定，所以全氟酸酐与 N_2O_3 的反应必须分两步完成。首先使制备的 NO_2 和 NO 的混合气体在乙醇干冰浴中液化成蓝色的液体并在干冰温度下保存备用；全氟酸酐装入反应器冷却并维持在 −5 ℃ 以下，与 N_2O_3 混合，然后撤除冷浴，自然升温直至反应完成。报告目标产物的收率为 92%。该报告的主要结果见图 1.3。该实验过程必须有干冰或深度制冷设备。这是一个成本高昂的条件，如果不具备这条件，实验不能进行。

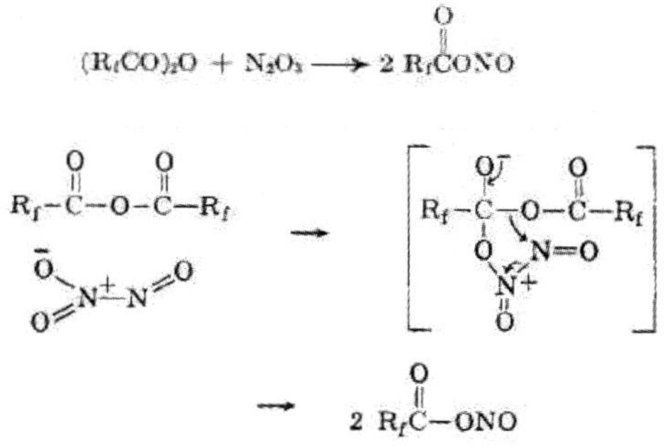

图 1.3　D.E.Rice 和 G.H.Chaford[6]报告的反应机理

物质常见的自然形态有气、液、固 3 种。从自然形态转变成其他形态要付出能量做功，要付出相应的成本。两种物质有 9 种常见的不同形态配合。假如只考虑这两种物质的反应系统，有 9 种实验模型。若反应能够自发地发生，以自然形态参与反应成本最低。给系统加热比给物体制冷所需成本低，且加热后的物质的化学活性更高，反应速度更快。由经济效益和生产效率来决定反应采用哪种过程模型。

NO_2 和 NO 的混合气体是 N_2O_3 的自然形态，将 NO_2 和 NO 的混合气体液化成 N_2O_3 需要付出高昂的成本且化学活性降低，没有干冰便不能进行实验。因此，如果气液反应能够自发地进行，将摆脱干冰的束缚，不需要制备 N_2O_3 的高昂成本和复杂工艺，此时系统最简单，反应速度最快，收率最高，操作最方便，生产效率最高，产品成本最低，产品质量同样良好。

首先需要证明在自然形态下的气液反应能够自发地进行。

为此，我们来观察液相法制备亚硝酰三氟乙酸酯的实验过程①。

玻璃三口瓶置于乙醇干冰浴中，抽真空，开动搅拌，按 1∶1 的摩尔比吸入三氟乙酸酐和 N_2O_3，维持在 -21 ℃以下两小时没有发现反应迹象。虽然不能证明三氟乙酸酐与 N_2O_3 在 -21 ℃以下的液相反应不能发生，但至少证明了其反应速度非常慢。

然后撤出冷浴，自然升温，发现三口瓶内壁逐渐出现小气泡。随着温度升高，气泡增多，这意味着 N_2O_3 发生了分解，产生了 NO_2 和 NO 两种气体。

---

① 1970 年初，羧基亚硝基氟橡胶研究项目搬迁，没有干冰，实验与生产无法进行，作者尝试用实验模型的观点研究该过程，得到本结果。

这些气体消失在反应液中，意味着在这些气泡的界面上发生了气液反应。可以观察到，反应液呈墨绿色，逐渐转红。升温过程逐渐加速，实验时室温 26 °C，当反应器内温度计指示 25 °C 左右时瞬间发生猛烈反应，反应液瞬间变成了玫瑰红色。与此同时，水银压差计内发生了剧烈震荡，反应器内的压力由正压转为 – 46 Pa 的负压并保持。在 25 °C 环境下，反应器内不应该再存在 N_2O_3，其分解反应呈指数上升态势，气液反应发生且速度极快。

从化学反应的实验设计的角度考虑，既然是三氟乙酸酐与 N_2O_3 的液相反应，反应物三氟乙酸酐与 N_2O_3 应该都处于液体状态。由 N_2O_3 的物化性质，它只有在 – 3.5 °C 以下才能存在，在 – 21 °C 以下才能被冷凝得到稳定的蓝色液体。该实验应该设计反应温度在 N_2O_3 为液体的范围内（ – 21°C 以下 ）。Rice[6]的实验将反应温度维持在 – 10 ～ – 5°C。在 – 3.5 ～ – 21°C 时，系统不稳定，同时存在 N_2O_3、NO_2 与 NO 的混合气体，每种物质的量依温度的不同而不同。体系不是纯液相，与作者的原设不符。那么，Rice[6]的实验不能证明他的亚硝酰三氟乙酸酯是三氟乙酸酐与 N_2O_3 反应的产物。不能证明三氟乙酸酐与 N_2O_3 发生了反应，即没有回答反应（1.9）是否可以自发进行的问题。反应（1.9）是否能自发进行的问题没有得到证明，只是一个未经证实的猜想。以一个未经证实的猜想为原理给出的反应机理（图 1.3 ）不可靠，建立在这样一个不可靠的原理上的方法合理性存在疑问。

20 °C 以下，NO_2 有二聚成 N_2O_4 的可能，温度越低，二聚的概率越大。在 – 10 ～ – 5 °C 时，NO_2 二聚反应的发生概率很大。与这些被二聚的 NO_2 同时产生的 NO 不参与反应，其沸点为 – 152 °C，干冰回流装置不能使之冷凝，它们将离开反应区。该实验按等摩尔配比的 N_2O_3 并不都参与反应，相应的三氟乙酸酐不能得到足够的 N_2O_3 来完成酰化反应，导致收率损失。Rice[6]报告的收率为 92%，它本可以更高。

上述现象和分析都提示我们三氟乙酸酐与 NO_2 和 NO 的气体混合物能够发生气液反应制备亚硝酰三氟乙酸酯。

NO 和 NO_2 都具有孤电子，是极性化合物。NO 和 NO_2 进入全氟酸酐后，受极性作用 $R_fCOOCOR_f$ 解离成 R_fCO 和 R_fCOO 两个自由基，可以分别与 NO 和 NO_2 结合为两个 R_fCOONO 分子。因此，可以由 $(R_fCO)_2O$ 与 NO/NO_2 气体混合物通过气液反应制备亚硝基酰化物。其反应式为

$$(\text{R}_f\text{CO})_2\text{O}+\text{NO}_2+\text{NO}\longrightarrow 2\text{R}_f\text{COONO} \tag{1.10}$$

该反应不需要干冰,从而可以摆脱 N_2O_3 的高昂成本和复杂工艺。

1.3.1 气液法制备亚硝酰三氟乙酸酯的实验

一个标准的 500 mL 球形三口瓶作为主反应器,置于冰盐浴中,由冰与氯化钠取代乙醇干冰混合制冷。经验认为冰盐浴的温度可以达到 −21 ℃。N_2O_3 制备系统制备的 NO_2 和 NO 气体混合物通过导气管进入主反应器中,与三氟乙酸酐反应,系统如图 1.4 所示。

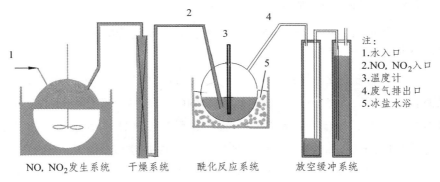

注:
1.水入口
2.NO,NO_2入口
3.温度计
4.废气排出口
5.冰盐水浴

NO,NO_2发生系统　　干燥系统　　酰化反应系统　　放空缓冲系统

图 1.4　气液法制备亚硝酰三氟乙酸酯实验的实验装置示意

将 200 mL 三氟乙酸酐加入三口瓶中,导气管插入液体约 3 cm;待内温达到 −21 ℃,用亚硝基硫酸水解制备 NO_2 和 NO 混合气体,并进入三口瓶形成气泡,反应液立即变成亮丽的琥珀色。大量的气体从液面逸出进入放空缓冲系统,液面逐渐下降。约半小时后,导气管口露出液面,被迫终止实验。得残液 36 mL,亚硝酰三氟乙酸酯含量为 64%。

本实验证明了三氟乙酸酐可以与 NO 和 NO_2 反应,产生所需要的产品。但实验结果偏离预期。实验暴露出两个基本问题:导气管插入液体的深度只有 3 cm,气液接触时间太短,NO_2,NO 混合气体形成的气泡还没有来得及与三氟乙酸酐反应就离开液面;NO_2 与 NO 两种气体的比例失调,NO 大量过剩,过剩的 NO 不参与反应,成为外溢气体。外溢的气体裹挟三氟乙酸酐逃离反应区造成损失。因此,该反应的系统与工艺需要优化。

NO_2 和 NO 的气体混合物制备系统的优化见 1.2 节。下面着重研究反应温度和反应器的优化。

1.3.2　优化反应温度

三氟乙酸酐的沸点为 39 ℃，反应器内的酸酐的温度控制区间应该为 −3.5～39 ℃。考虑到在气泡壁上发生的反应是放热的，气泡周围存在温度逐渐降低的梯度，气泡周围的温度比温度计显示得高，温度控制上限应该比酸酐的沸点适当低一些以保证酸酐不逃逸；还应该考虑到 NO_2 有二聚成 N_2O_4 的可能，温度越低，发生二聚的可能性越大，因此反应液温度控制的下限不宜太低。

1.3.3　优化反应器设计

为了获得较大的气液接触时间，必须增加导气管插入反应器中三氟乙酸酐的深度。

球形三口瓶的容积为 $4\pi r^3/3$。其中，r 为球体半径，对于 500 mL 三口瓶而言，半径约为 5 cm。考虑到 NO_2 和 NO 气体与三氟乙酸酐反应后体积将增加约 40%，温度升高造成体积膨胀，反应后液体总体积会达到三氟乙酸酐体积的约 150%，考虑到反应器需要预留缓冲空间，加入三氟乙酸酐的量不应该大于反应器总体积的一半。对于 500 mL 三口瓶而言，加入三氟乙酸酐的量不能多于 250 mL，导气管插入酸酐的深度大约为 4 cm，增加三氟乙酸酐的量仅使导气管插入的深度增加 1 cm，收益不大。

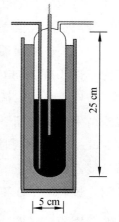

图 1.5　特制的三口瓶，长径比 5∶1

增加导气管插入深度的最有效方法是改变三口瓶的形状为管形。对 500 mL 三口瓶而言，设计三口瓶的长径比为 5∶1，即长 25 cm，直径 5 cm，如图 1.5 所示。加入 200 mL 三氟乙酸酐液柱将达到 11 cm 左右的高度，导气管插入深度将达到 10 cm。预期会改善系统状态。

设计反应器具有较大长径比的本质目的是加大导气管插入液体的深度。这与 NO_2 和 NO 气体的输送速率有关。长径比为 5∶1 是根据 200 mL 三氟乙酸酐的规模和设计的 NO_2 和 NO 气体系统设定的。假如实验规模为 2000 mL 三氟乙酸酐，反应器的总容积应该大于或等于 4000 mL，设计反应器的直径为 14.5 cm，高 25 cm，反应器的总容积约为 4126 mL，2000 mL 三氟乙酸酐的液柱高度可以达到 12 cm。导气管插入深度大约为 11 cm。

1.3.4　系统优化后的亚硝酰三氟乙酸酯制备实验

酰化反应器为特别设计制作的 500 mL 长径比 5∶1 的三口烧瓶，置于乙醇冷浴槽中，控制反应器内酸酐的温度为 5~10 ℃。将 210 g 三氟乙酸酐（纯度 86%）加入反应器中，液面高约 11 cm，导气管插入液体中约 10 cm。NO_2 和 NO 制备系统后段加入氧气调节 NO_2 与 NO 的比例接近 1∶1。当 NO_2/NO 进入反应器内的酸酐中，反应物立即呈现靓丽琥珀色，随反应进行颜色逐渐加深，几乎没有气泡冒出液面。大约 20 min 后，液面上升到 16 cm 处，液面冒出大量气泡，反应物呈玫瑰红色，停止加入 NO_2/NO 混合气体，得粗产品 321 g。精制得到产品 282 g，亚硝酰三氟乙酸酯纯度 87.51%，收率 96.87%。

1.3.5　讨　论

实验已经证明，三氟乙酸酐与 NO_2/NO 混合气体的气液反应以高的收率得到了亚硝酰三氟乙酸酯，它在 184 ℃条件下脱除羰基后得到了亚硝基三氟甲烷。这种方法不需要干冰，工艺简单，反应速度快，安全高效。由于不需要使用 N_2O_3，降低了高昂的制冷成本。反应（1.10）放热不是很多，反应热逐渐地发生，能量逐渐地释放，实验是安全的。

NO 和 NO_2 的极性不仅可以使 $R_fCOOCOR_f$ 解离成两个自由基，也可以使其他全氟酸酐解离。在上述实验中，将三氟乙酸酐换成具有环状结构的全氟戊二酸酐，得到了二亚硝基全氟戊二酸酯。

类比推理，凡是具有结构$(RCO)_2O$ 的酸酐都可以与 NO_2/NO 反应得到相应的亚硝基酰化物。

>>>>>>>

第 2 章 串联反应器及其停留时间分布

反应器的选择与设计是化学反应实验设计的核心问题之一。串联反应器是很多化学过程的优选反应器。

1982 年，一位朋友用等容全混釜构成串联反应器做界面缩聚试验时，当把第一个釜的容积减小后，产品质量有明显改变，于是提出不等容全混釜串联反应器的停留时间分布问题。1983 年的春节前夕，私下求助笔者研究这个分布。春节期间，笔者建立了不等容全混釜串联反应器的模型，建立和求解微分方程，得到了其停留时间分布和密度函数的结果并在 CROMEMCO Z80 微型机上进行了模拟计算。

多个全混釜串联起来作为一个反应器，如图 2.1 所示。

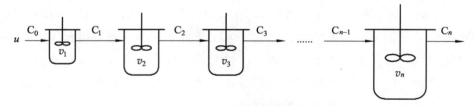

图 2.1　全混釜串联反应器示意

图中 u 为体积流量，v_i 为第 i 釜的有效容积；c_0 为主组分的初始浓度；c_i 为第 i 釜的出口浓度。反应可能引起体积变化，假设第 i 釜的入口的体积流量为 u_i，则有 $u_0=u$。为简化起见，在推导过程中暂时假定反应不引起体积变化，即体积流量为常数。

应用多个釜串联装置代替单个釜构成串联反应器，产生了一些奇妙的功能。可以实现反应连续化，改善物料的流动，控制总的停留时间和改善停留时间分布，从而有效地控制产物的质量。恰当地设计体积分布，可以提高反应器空间的利用效率，从而有效地发挥投资效能，改善装置的经济效益。在化学工程中有许多可能的应用。这种装置其各釜等容情况下的停留时间分布函数在各种化学反应工程著作中都有论述。参考等容釜串联反应器的模型思路，建立微分方程，可以求解得到各釜不等容情况下的停留时间分布函数。本书后面将多次提到其应用的可能性。

2.1　不等容全混釜串联反应器微分方程的建立及其解

在稳态过程中，就第 i 釜而言，有物料平衡关系

流入量=流出量+釜内消耗量

在时间 $\mathrm{d}t$ 内，物料体积的变化为 $u\mathrm{d}t$，第 i 釜中的浓度变化速率为 $\mathrm{d}c_i/\mathrm{d}t$。则

$$c_{i-1}u\mathrm{d}t = c_i u\mathrm{d}t + v_i \frac{\mathrm{d}c_i}{\mathrm{d}t}\mathrm{d}t \tag{2.1}$$

令

$$\tau_i = v_i / u \tag{2.2}$$

$$k_i = 1/\tau_i \tag{2.3}$$

可将式（2.1）整理为

$$\frac{\mathrm{d}c_i}{\mathrm{d}t} = (c_{i-1} - c_i)k_i \tag{2.4}$$

初始条件为

$$c_i(0) = 0$$

c_0 为不等于 0 的常数，通常设 $c_0 = 1$。式（2.4）两端分别除以 c_0。同时令 $y_i = c_i/c_0$，形式地定义 $y_0 = 1$，则 n 级搅拌釜的停留时间分布函数

$$F(t) = y_n(t) = \frac{c_n(t)}{c_0} \tag{2.5}$$

为以下微分方程组的解。

$$\frac{\mathrm{d}y_i}{\mathrm{d}t} = k_i(y_{i-1} - y_i) ，i=1,2,\cdots,n \tag{2.6}$$

$$y_i(0) = 0 \tag{2.7}$$

$$y_0 = 1 \tag{2.8}$$

这是一个一阶非齐次线性微分方程组。其对应的齐次微分方程组的特征矩阵为

$$A = \begin{bmatrix} k_1 + \lambda & 0 & 0 & \cdots & 0 & 0 \\ k_2 & k_2 + \lambda & 0 & \cdots & 0 & 0 \\ 0 & k_3 & k_3 + \lambda & \cdots & 0 & 0 \\ \vdots & \vdots & \vdots & & \vdots & \vdots \\ 0 & 0 & 0 & \cdots & k_n & k_n + \lambda \end{bmatrix}$$

它具有特殊形式，特征方程的特征根为 $\{-k_i | i = 1, 2, \cdots, n\}$，由体积流量及第 i 釜有效容积确定，即分布函数由各釜容积分布来确定。假定 $\{-k_i\}$ 中有 r 个互异，即 $-k_j$ 为 n_j 的重根，$j = 1, 2, 3, \cdots, r$，$\sum n_j = n$。这种情况对应于有 r 种不同釜型，每种釜型有 n_r 个。对应于式（2.6）的齐次方程组的通解为

$$y_j = \sum_{s=1}^{r} p_s(t) \exp(-k_s t) \tag{2.9}$$

其中，$p_s(t)$ 为次数不超过 $n_s - 1$ 次的 t 的多项式

$$p_s(t) = \sum_{j=0}^{n_s-1} a_{s,j} t^j \tag{2.10}$$

利用常数变易法，可以求得各个系数 $a_{s,j}$。没有重根，即任何两个釜的有效容积互不相等，则 $r=n$。式（2.9）的形式变为

$$y_i = \sum_{j=1}^{n} a_j(t) \exp(-k_j t) \tag{2.11}$$

当 n 很大时，对最一般情况求这个方程组的特解比较困难。此处递推地求解却比较容易。

当 $i=1$ 时，式（2.6）为

$$\frac{\mathrm{d}y_1}{\mathrm{d}t} = k_1(1 - y_1) \tag{2.12}$$

式（2.12）是独立的，可以独立求解。第 i 个方程均关于其后的方程独立。若 y_{i-1} 已经求得，则式（2.6）可独立求解。把式（2.6）改写成如下的形式

$$\frac{\mathrm{d}y_i}{\mathrm{d}t} + k_i y_i = k_i y_{i-1}, \quad i = 1, 2, \cdots, n \tag{2.13}$$

对应的齐次方程的通解为

$$y_i(t) = h_i \exp(-k_i t) \tag{2.14}$$

采用常数变易法，$p(t) = k_i$，$q(t) = k_i y_{i-1}$，可得

$$h_i(t) = \int k_i y_{i-1}(t) \exp(k_i t) \mathrm{d}t + c_i \tag{2.15}$$

此处，c_i 按习惯记积分常数，在本章后文 c_i 都记积分常数而不是浓度。

用 $h_i'(t)$ 记式（2.15）右边的积分式，则

$$h_i(t) = h_i'(t) + c_i \tag{2.16}$$

从而

$$y_i(t) = (h_i'(t) + c_i) \exp(-k_i t) \tag{2.17}$$

注意初始条件 $y_i(0) = 0$，得

$$c_i = -h_i'(0)$$

由此即可得到 $y_i(t)$ 的递推公式。

$\tau_i = 1/k_i$ 是第 i 釜的平均停留时间，总停留时间为

$$\tau' = \frac{\sum v_i}{u} = \sum_{i=1}^{n} \tau_i \tag{2.18}$$

无因次时间为

$$\theta = \frac{t}{\tau'} \quad \text{或} \, t = \theta \tau' \tag{2.19}$$

为便于比较，以后分布函数都将归一到无因次时间。

2.2　几种特殊容积分布下的特解

由式（2.16）容易得到

$$y_1(t) = (\exp(k_1 t) + c_1) \exp(-k_1 t) = 1 + c_1 \exp(-k_1 t) \tag{2.20}$$

式中，$c_1=-1$。对于 $i=2$，

$$h_2'(t) = \int k_2(1 + c_1 \exp(-k_1 t)) \exp(k_2 t) \mathrm{d}t$$
$$= \int [k_2 \exp(k_2 t) + k_2 c_1 \exp((k_2 - k_1)t)] \mathrm{d}t$$

这个积分的结果依赖于 k_2-k_1 的值，需要就两种情况分别讨论。

（1）当 $k=k_2=k_1$，即第 1、2 号釜相同，则

$$h_2'(t) = \exp(k_2 t) + c_1 k_2 t$$

其中，$c_2=-1$，

$$y_2(t) = 1 + (c_1 kt + c_2) \exp(-kt) = 1 - (kt + 1)\exp(-kt) \qquad （2.21\text{-}1）$$

（2）当 $k_1 \neq k_2$，即第 1、2 号釜不同，则

$$h_2'(t) = \exp(k_2 t) + \frac{c_1 k_2}{k_2 - k_1} \exp((k_2 - k_1)t)$$
$$y_2(t) = 1 - \frac{c_1 k_2}{k_2 - k_1} \exp(-k_1 t) + c_2 \exp(-k_2 t) \qquad （2.21\text{-}2）$$

式中，$c_2 = -\left(1 + \dfrac{c_1 k_2}{k_2 - k_1}\right)$。

从上面的积分可以看出，每次积分结果都依赖于 k_i 和 k_{i-1} 之间的关系。因此，对后续积分，要给出一个一般的结果是不可能的。但可以给出几种特殊容积分布的积分结果。

2.2.1 n 个釜容积相等

n 个釜容积相等时，$k_i = k\ (i = 1, 2, \cdots, n)$，

$$y_3(t) = 1 + \left(c_1 (kt)^2 / 2! + c_2 kt + c_3\right)\exp(-kt) \qquad （2.22）$$

$$y_n(t) = 1 + \sum_{i=0}^{n-1} c_i \frac{(kt)^j}{j!} \exp(-kt) \qquad （2.23）$$

式中，$c_i=-1\ (i=1,2,\cdots,n)$。

划归到无因次时间，$t = \tau'\theta = n\tau\theta$。

$$F(\theta) = 1 - \sum_{j=0}^{n-1} c_i \frac{(n\theta)^j}{j!} \exp(-n\theta) \qquad (2.24)$$

密度函数为

$$E(\theta) = n\left(\prod_{i=1}^{n-1} \frac{n\theta}{i}\right) \exp(-n\theta) \qquad (2.25)$$

结果和文献完全一致，如图 2.2 所示（该图于 1983 年 2 月由 CROMEMCO Z80 模拟输出）。不同 n 和 θ 的模拟数据见表 2.1。

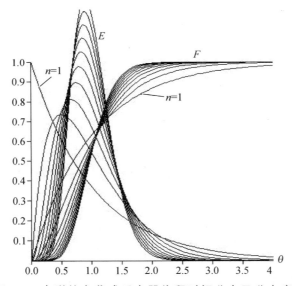

图 2.2　串联等容釜式反应器停留时间分布及分布密度

表 2.1　串联等容釜式反应器停留时间分布函数值（无因次）

n	$\theta=0.5$	$\theta=1$	$\theta=1.5$	$\theta=2$	$\theta=2.5$	$\theta=3$	$\theta=3.5$	$\theta=4$
1	0.393 469	0.632 121	0.776 870	0.864 665	0.917 915	0.950 213	0.969 803	0.981 684
2	0.264 241	0.593 994	0.800 852	0.908 422	0.959 572	0.982 649	0.992 705	0.996 981
3	0.191 153	0.576 810	0.826 422	0.938 031	0.979 743	0.993 768	0.998 165	0.999 478
4	0.142 877	0.566 530	0.8481796	0.957 620	0.989 664	0.997 708	0.999 526	0.999 907
5	0.108 822	0.559 507	0.867 938	0.970 747	0.994 654	0.999 143	0.999 875	0.999 983
6	0.083 918	0.554 320	0.884 309	0.979 659	0.997 208	0.999 676	0.999 967	0.999 997
7	0.065 288	0.550 289	0.898 368	0.985 772	0.998 530	0.999 876	0.999 991	0.999 999

2.2.2　n 个釜容积互不相等

n 个釜容积互不相等时，$k_i \neq k_j (i \neq j; i, j = 1, 2, \cdots, n)$，

$$y_3(t) = 1 + \frac{c_1 k_2 k_3}{(k_2 - k_1)(k_3 - k_1)} \exp(-k_1 t) + \frac{c_2 k_3}{k_3 - k_2} \exp(-k_2 t) +$$
$$c_3 \exp(k_3 t) \qquad (2.26)$$

式中，

$$c_3 = -\left(1 + \frac{c_1 k_2 k_3}{(k_2 - k_1)(k_3 - k_1)} + \frac{c_2 k_3}{k_3 - k_2}\right)$$

$$y_n(t) = 1 + \sum_{i=1}^{n} c_i \prod_{j=i+1}^{n} \frac{1}{1 - k_i / k_j} \exp(-k_i t) \qquad (2.27)$$

式中，$c_n = -\left(1 + \sum_{i=1}^{n-1} c_i \prod_{j=i+1}^{n} \frac{V_j}{V_j - V_i}\right)$。

当 $j > n$，$\prod$ 下的值定义为 1。在 θ 坐标系中，$t = \tau'\theta = \sum \tau_i \theta$，停留时间分布函数和密度函数分别为

$$F(\theta) = 1 + \sum_{i=1}^{n} c_i \prod_{j=i+1}^{n} \frac{1}{1 - k_i / k_j} \exp\left(-\sum_{s=1}^{n} v_s \frac{\theta}{v_i}\right) \qquad (2.28)$$

$$E(\theta) = -\sum_{i=1}^{n} c_i \left(\sum_{s=1}^{n} \frac{v_s}{v_i}\right) \prod_{j=i+1}^{n} \frac{1}{1 - k_i / k_j} \exp\left(-\sum_{s=1}^{n} v_s \frac{\theta}{v_i}\right) \qquad (2.29)$$

2.2.3　递变容积分布

作为上款的特例，设 $0 < \alpha \neq 1$ 为一常数比例因子，$v_i / v_{i-1} = \alpha$，$\alpha > 1$ 时容积递增，$\alpha < 1$ 时容积递减。

$$v_i = \alpha^k v_{i-k} = \alpha^{i-1} v_1$$

$$k_i = \frac{v}{V_i} = \frac{u}{\alpha^{i-1} V_1} \alpha^{1-i} \frac{u}{V_1}$$

$$\sum_{i=1}^{n} v_i = \frac{(1 - \alpha^n) v_i}{1 - \alpha}$$

由此可得，

$$F(\theta)=1+\sum_{i=1}^{n}c_i\left(\prod_{j=i+1}^{n}\frac{1}{1-\alpha^{j-i}}\right)\exp\left(\frac{-(1-\alpha^n)}{\alpha^{i-1}(1-\alpha)}\theta\right) \qquad (2.30)$$

$$E(\theta)=-\sum_{i=1}^{n}c_i\left(\prod_{j=i+1}^{n}\frac{1}{1-\alpha^{j-i}}\right)\frac{1-\alpha^n}{\alpha^{i-1}(1-\alpha)}\exp\left(\frac{-(1-\alpha^n)}{\alpha^{i-1}(1-\alpha)}\theta\right) \qquad (2.31)$$

式中，$c_n=-\left(1+\sum_{i=1}^{n-1}c_i\prod_{j=i+1}^{n}\frac{1}{1-\alpha^{j-i}}\right)$。一幅容积比为 0.7 的串联 2~10 个不等容全混釜装置的停留时间分布与密度如图 2.3 所示。

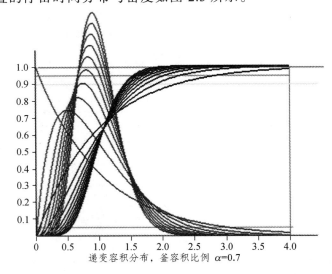

递变容积分布，釜容积比例 α=0.7

图 2.3　串联不等容全混釜的递变容积分布停留时间分布及分布密度

当容积比 α=1 时，与图 2.2 相同。模拟数据列于表 2.2 ~ 表 2.6。

表 2.2　串联递变容积分布反应器停留时间分布（无因次，$\alpha = 0.3$）

n	θ =0.5	θ=1	θ=1.5	θ=2	θ=2.5	θ=3	θ=3.5	θ=4
2	0.303 317	0.616 293	0.797 396	0.893 969	0.944 617	0.971 084	0.984 904	0.992 119
3	0.276 873	0.614 939	0.805 442	0.902 666	0.951 4	0.975 743	0.987 894	0.993 958
4	0.268 977	0.614 82	0.807 964	0.905 221	0.953 311	0.977 009	0.988 68	0.994 426
5	0.266 611	0.614 809	0.808 729	0.905 981	0.953 873	0.977 378	0.988 906	0.994 56
6	0.265 902	0.614 808	0.808 959	0.906 209	0.954 041	0.977 488	0.988 973	0.994 599

表 2.3　串联递变容积分布反应器停留时间分布（无因次，$\alpha = 0.5$）

n	θ=0.5	θ=1	θ=1.5	θ=2	θ=2.5	θ=3	θ=3.5	θ=4
2	0.278 397	0.603 527	0.800 311	0.902 905	0.953 518	0.977 905	0.989 533	0.995 049
3	0.225 850	0.596 694	0.817 313	0.921 297	0.966 749	0.986 062	0.994 176	0.997 570
4	0.199 830	0.594 978	0.826 585	0.929 802	0.972 159	0.989 043	0.995 701	0.998 315
5	0.186 782	0.594 547	0.831 350	0.933 845	0.974 581	0.990 308	0.996 315	0.998 600
6	0.180 237	0.594 439	0.833 756	0.935 811	0.975 725	0.990 889	0.996 590	0.998 725

表 2.4　串联递变容积分布反应器停留时间分布（无因次，$\alpha = 2$）

n	θ=0.5	θ=1	θ=1.5	θ=2	θ=2.5	θ=3	θ=3.5	θ=4
2	0.278 397	0.603 527	0.800 311	0.902 905	0.953 518	0.977 905	0.989 533	0.995 049
3	0.225 85	0.596 694	0.817 313	0.921 297	0.966 749	0.986 062	0.994 176	0.997 570
4	0.199 83	0.594 978	0.826 585	0.929 802	0.972 159	0.989 043	0.995 701	0.998 315
5	0.186 782	0.594 547	0.831 35	0.933 845	0.974 581	0.990 308	0.996 315	0.998 600
6	0.180 237	0.594 439	0.833 756	0.935 811	0.975 725	0.990 889	0.996 59	0.998 725

表 2.5　串联递变容积分布反应器停留时间分布（无因次，$\alpha = 3$）

n	θ=0.5	θ=1	θ=1.5	θ=2	θ=2.5	θ=3	θ=3.5	θ=4
2	0.297 542	0.613 762	0.798 236	0.895 943	0.946 512	0.972 53	0.985 895	0.992 758
3	0.266 254	0.611 8	0.807 81	0.906 24	0.954 416	0.977 855	0.989 244	0.994 776
4	0.255 839	0.611 586	0.811 169	0.909 577	0.956 847	0.979 422	0.990 189	0.995 322
5	0.252 368	0.611 562	0.812 304	0.910 677	0.957 635	0.979 922	0.990 486	0.995 492
6	0.251 211	0.611 56	0.812 684	0.911 042	0.957 895	0.980 086	0.990 583	0.995 547

表 2.6　串联递变容积分布反应器停留时间分布（无因次，$\alpha = 0.1$）

n	θ=0.5	θ=1	θ=1.5	θ=2	θ=2.5	θ=3	θ=3.5	θ=4
2	0.359 399	0.630 145	0.786 611	0.876 885	0.928 969	0.959 019	0.976 356	0.986 359
3	0.246 121	0.593 324	0.807 694	0.915 21	0.964 207	0.985 332	0.994 117	0.997 679
4	0.179 246	0.576 448	0.831 654	0.942 201	0.981 899	0.994 676	0.998 504	0.999 594
5	0.134 469	0.566 296	0.852 978	0.960 307	0.990 716	0.998 031	0.999 611	0.999 927
6	0.102 662	0.559 339	0.871 371	0.972 527	0.995 183	0.999 261	0.999 897	0.999 987

　　阶梯形容积分布有关积分非常复杂冗长，积分结果省略。在等容分布的情况下，假若减小第一釜的容积，模拟结果如表 2.7~表 2.8 所列。

表 2.7　减小第一釜时停留时间分布（无因次，$\alpha = 0.3$）

n	$\theta=0.5$	$\theta=1$	$\theta=1.5$	$\theta=2$	$\theta=2.5$	$\theta=3$	$\theta=3.5$	$\theta=4$
2	0.303 317	0.616 293	0.797 396	0.893 969	0.944 617	0.971 084	0.984 904	0.992 119
3	0.217 358	0.588 648	0.817 623	0.925 739	0.971 258	0.989 243	0.996 07	0.998 59
4	0.161 006	0.573 958	0.839 764	0.948 876	0.985 257	0.996 028	0.998 981	0.999 748
5	0.121 856	0.564 695	0.859 659	0.964 675	0.992 376	0.998 516	0.999 732	0.999 954
6	0.093 542	0.558 2	0.876 95	0.975 448	0.996 022	0.999 44	0.999 929	0.999 992

表 2.8　减小第一釜时停留时间分布（无因次，$\alpha =0.6$）

n	$\theta=0.5$	$\theta=1$	$\theta=1.5$	$\theta=2$	$\theta=2.5$	$\theta=3$	$\theta=3.5$	$\theta=4$
2	0.272 073	0.599 484	0.800 679	0.905 336	0.956 12	0.979 929	0.990 888	0.995 881
3	0.197 179	0.580 535	0.824 561	0.934 793	0.977 404	0.992 517	0.997 599	0.999 247
4	0.147 311	0.569 137	0.846 514	0.955 095	0.988 354	0.997 212	0.999 369	0.999 863
5	0.112 118	0.561 439	0.865 664	0.968 905	0.993 949	0.998 952	0.999 833	0.999 975
6	0.086 402	0.555 819	0.882 186	0.978 342	0.996 831	0.999 602	0.999 955	0.999 995

第 3 章　钠缩法制备乙烯基硅氧烷的技术可行性分析

在元素周期表上，硅与碳同族，都是四价元素，类比推定，涉及硅的化学过程具有类似碳有机化学的性质和复杂反应特征。假设 A 和 B 是碳或硅，分子 Aa 有一个可供取代或被取代的一价基团 a，分子 Bb₄ 有 4 个可供取代或被取代的一价基团 b。如果 Aa 与 Bb₄ 反应能够自发地进行，产生多种产物且反应不可逆。宏观上有下面的反应式[13]：

$$\alpha Aa + \beta Bb_4 \longrightarrow \mu Ab + \nu a_m Bb_{4-m} \quad (m=0,1,2,3,4) \tag{3.1}$$

该反应同时产生 $a_m Bb_{4-m}$（$m=0,1,2,3,4$）5 种产物。目标产物通常为 $m=1$ 或 2。这些产物按照特定的规律产生，在反应过程中反复混合并参与副反应。因此，这种反应具有复杂反应特征，一定存在产物选择性问题。

3.1　钠缩法制备乙烯基硅氧烷实验的宏观分析

假定反应处于液态环境，金属钠置于液体介质中，Aa 进入介质与金属钠反应，产生一种一价离子，与 Bb₄ 反应。为了简化该过程，假定是 Aa 与 Bb₄ 反应。反应的机理不明确，但可以假定反应（3.2）~反应（3.5）存在，并发生继发反应。

$$Aa+Bb_4 \xrightarrow{\ k_0\ } Ab+aBb_3 \tag{3.2}$$

$$Aa+aBb_3 \xrightarrow{\ k_1\ } Ab+a_2Bb_2 \tag{3.3}$$

$$Aa+a_2Bb_2 \xrightarrow{\ k_2\ } Ab+a_3Bb \tag{3.4}$$

$$Aa+a_3Bb \xrightarrow{\ k_3\ } Ab+a_4B \tag{3.5}$$

在热力学上，这些反应是否能自发地发生？需要找到足够的物理化学数据计算反应的吉布斯自由能。暂时忽略这种问题。还有没有其他的反应？
例如，

$$2Aa + Bb_4 \xrightarrow{k_4} 2Ab + a_2Bb_2 \qquad (3.6)$$

$$3Aa + aBb_3 \xrightarrow{k_5} 3Ab + a_3Bb \qquad (3.7)$$

这类反应明显具有多分子反应的性质，发生的可能性很小，暂时假定它们不存在。经验表明，不管 B 是碳还是硅，只要有 A 和未被完全取代的 a_mBb_{4-m}（$m=0,1,2,3$）存在，上述反应就会发生。只有当整个系统不存在 A 或未被完全取代的 a_mBb_{4-m}（$m=0,1,2,3$）时，反应才会终止。

3.2 微分方程及其特解

假设反应器是一个足够大的全混釜，能将 M mol B 一次加入其中，以常速率 v mol/min 加入 A，能维持 A 的浓度 c_a 是一常数。如果目标产物是 a_4B，显然，一定时间之后，Bb_4 的 4 个 b 经过一系列反应将陆续被 a 所取代而后趋于稳定。如果所需要的不是 a_4B，而是 aBb_3 等其他中间产物，系统该如何设计，反应该如何控制？

分别记 Bb_4、aBb_3、a_2Bb_2、a_3Bb 和 a_4B 的物质的浓度为 B_i（$i=0,1,2,3,4$），则在任何时刻 t 均有

$$\sum_{i=0}^{4} B_i = M = 常数 \qquad (3.8)$$

$$\sum_{i=0}^{4} \frac{dB_i(t)}{dt} = 0 \qquad (3.9)$$

随着 A 的增加，置换掉等量的 b，活性 b 数目以同样的速率减少。当 $t=0$ 时，有

$$B_0(0) = M, \quad B_i(0) = 0 \qquad (i = 1,2,3,4) \qquad (3.10)$$

活性键总数为

$$H = 4B_0(0)N_0 = 4MN_0 \qquad (3.11)$$

式中，N_0 为阿伏加德罗常数。任一时刻 t，A 加入的累积量为 vt，被置换

掉的 b 总数为

$$\sum_{i=0}^{4} i B_i(t) = vtN_0$$

剩余活性 b 总数为

$$\sum_{i=0}^{4} (4-i) B_i(t) = H - vtN_0$$

可以得到微分方程组

$$\frac{\mathrm{d}B_0(t)}{\mathrm{d}t} = -k_0 B_0 c_a \tag{3.12}$$

$$\frac{\mathrm{d}B_1(t)}{\mathrm{d}t} = (k_0 B_0 - k_1 B_1) c_a \tag{3.13}$$

$$\frac{\mathrm{d}B_2(t)}{\mathrm{d}t} = (k_1 B_1 - k_2 B_2) c_a \tag{3.14}$$

$$\frac{\mathrm{d}B_3(t)}{\mathrm{d}t} = (k_2 B_2 - k_3 B_3) c_a \tag{3.15}$$

$$\frac{\mathrm{d}B_4(t)}{\mathrm{d}t} = k_3 B_3 c_a \tag{3.16}$$

式中，k_i（$i=0,1,2,3$）为反应速率。上述 5 个微分方程只有 4 个是独立的，满足关系（3.9）。由于 c_a 是一常数，可并入 k_i 中。这些方程均可逐个分离变量分别积分，方法参见 3.4 节，但后一个方程依赖前一方程的积分结果。得到积分结果如下。其中，C_i（$i=0,1,2,3$）为积分常数。

$$B_0(t) = C_0 \exp(-k_0 t) \tag{3.17}$$

式中，$C_0 = M$。

$$B_1(t) = \frac{C_0 k_0}{k_1 - k_0} (\exp(-k_0 t) - C_1 \exp(-k_1 t)) \tag{3.18}$$

式中，$C_1 = \dfrac{C_0 k_0}{k_1 - k_0}$。

$$B_2(t) = \frac{C_0 k_0 k_1 \exp(-k_0 t)}{(k_1 - k_0)(k_2 - k_0)} + \frac{C_1 k_1 \exp(-k_1 t)}{k_2 - k_1} +$$
$$C_2 \exp(-k_2 t) \tag{3.19}$$

式中，$C_2 = -\left(\dfrac{C_0 k_0 k_1}{(k_1 - k_0)(k_2 - k_0)} + \dfrac{C_1 k_0}{k_2 - k_1} \right)$。

$$B_3(t) = \frac{C_0 k_0 k_1 k_2 \exp(-k_0 t)}{(k_1 - k_0)(k_2 - k_0)(k_3 - k_0)} + \frac{C_1 k_1 k_2 \exp(-k_1 t)}{(k_2 - k_1)(k_3 - k_1)} +$$
$$\frac{C_2 k_2 \exp(-k_2 t)}{k_3 - k_2} + C_3 \exp(-k_3 t) \tag{3.20}$$

式中，$C_3 = -\left(\dfrac{C_0 k_0 k_1 k_2}{(k_1 - k_0)(k_2 - k_0)(k_3 - k_0)} + \dfrac{C_1 k_1 k_2}{(k_2 - k_1)(k_3 - k_1)} + \dfrac{C_2 k_2}{k_3 - k_2} \right)$。

由式（3.8）可得

$$B_4(t) = M - (B_0(t) + B_1(t) + B_2(t) + B_3(t)) \tag{3.21}$$

3.3 模拟与讨论

k_i（$i=0,1,2,3$）等 4 个参数需要测定。测量某一时刻 t 的浓度 B_i（$i=0,1,2,3,4$），可以近似估算出反应速度。给定不同的速度假设，可以进行模拟计算，得到浓度-时间变化曲线，如图 3.1 所示。

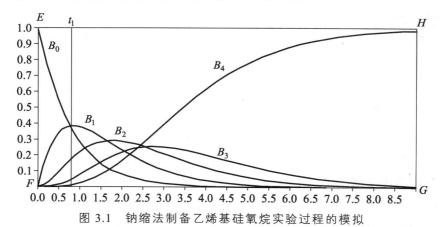

图 3.1 钠缩法制备乙烯基硅氧烷实验过程的模拟

不管如何设定这些速率常数，反应过程大体上如图 3.1 所示。图中的

矩形 $EFGH$ 的 EF 边长为 M，边长 FG 为时间轴，F 为时刻 $t=0$，G 为使全部粗产物变为 a_4B 的时刻 t_{end}。$B_i(t)$（$i=0,1,2,3,4$）分别为 5 种产物浓度随时间的变化曲线。$t=0$ 到 $t=t_{end}$ 的整个过程是典型的复杂反应，有串反应和平行反应。一旦 A 进入反应系统，反应立即被引发。

这个过程宏观上可以分为三个阶段：

第一阶段以反应（3.2）为主，主要产物为 aBb_3。a_2Bb_2、a_3Bb、a_4B 相继出现，各产物的浓度不大。在这一阶段内，Bb_4 的浓度远远大于 Aa 的浓度，产生 a_2Bb_2 的概率很小，超过 2 个 b 基团被取代的可能性则更小。

第二阶段 Bb_4 已被大量消耗，主要发生 aBb_3、a_2Bb_2、a_3Bb 的继发反应，向 a_2Bb_2、a_3Bb、a_4B 的转变增加。反应（3.3）、（3.4）和（3.5）具有竞争性，aBb_3、a_2Bb_2、a_3Bb 竞争消耗 Aa。因此，实际上 Aa 的消耗不是线性的，消耗速度很快，浓度迅速衰减。

第三阶段竞争减弱，以向 a_4B 的转变为主。

不同反应参数，模拟结果大同小异。不管后面几个反应速率设定得多么低，以上的几个阶段特征都不会改变。aBb_3、a_2Bb_2、a_3Bb 相继出现，其浓度逐渐达到峰值，随后浓度逐渐降低，只有 a_4B 的浓度只增不减。假如在某一时刻停止加 Aa，则所有反应停止。但只要有 Aa 和未被完全取代的 a_mBb_{4-m}（$m=0,1,2,3$）存在，反应照样继续进行。在这样的过程中，采用简单反应的实验模型，单个全混釜作间歇操作，让反应任意地进行，原料的转化率可以很高，但目标产物浓度很低，甚至为零。

根据复杂反应的性质，反应存在阶段性，产物存在选择性。实验的目的，是选择反应条件，使其有利于目标产物的提高，而不利于副产物的生成。为了提高目标产物的产率，需要选择终止反应的时间。在副产物还没有生成或浓度很低的时候，将目标产物提取出来，不让它们转化成副产物。然后进入下一个反应周期。逻辑上，这个时刻应该在目标产物峰值出现的时刻，实际上应该在此之前。假定所需要的产物是 aBb_3。在某一时刻 t_1，aBb_3 的浓度达到最大。此时，a_2Bb_2、a_3Bb、a_4B 已经相继出现。此后，aBb_3 浓度逐渐下降，向 a_2Bb_2、a_3Bb、a_4B 转变。图 3.1 中，在时刻 t_1，Bb_4 已经消耗 63%，b 则被取代约 8%，aBb_3 占约 38%，副产物占 25%。如果在此时停加 Aa，则向 a_mBb_{4-m}（$m=2,3,4$）的转化停止。因此，选定控制方案：选

取体积流量 v，Aa 加入 8% 后反应即刻停止并出料，回收 Bb_4。aBb_3 产率 38%，原料利用率 75%。t_1 前后有一个稳健操作期，在这个时期内，aBb_3 浓度变化不大。如果修改控制方案为不等到 t_1 时刻，例如 $t=0.5$ 时，a_4B 几乎还没出现，a_2Bb_2 和 a_3Bb 合计只占 11%，aBb_3 占 32%，Bb_4 转化率约 43%（余 57%），原料总利用率可达 89%。

　　可操作性取决于反应物的形态与性质。假如组分 Aa 与 Bb_4 都是液态物质，目的产物是气态，实验的可操作性很好。假如目的产物也是液态的，且沸点高于介质，那么产物越在前，要从反应液中分馏出只有百分之几的产物并回收原料的能耗和成本就越高，效率很低。如果 aBb_3 的沸点低于 Aa 和 Bb_4 的沸点，那么应该把操作温度调整到相应的沸点以上。如果 aBb_3 的沸点高于 Aa、Bb_4 和介质（假如反应在介质中进行），则该实验模型不可行。

3.4　一元线性微分方程的积分

　　一元线性微分方程的标准形式为

$$\frac{\mathrm{d}y(t)}{\mathrm{d}t} + p(t)y = q(t) \tag{3.22}$$

　　假如 $p(t)=0$，该方程可以直接积分，得到

$$y = \int q(t)\mathrm{d}t + C$$

式中，C 为积分常数。

　　如果 $p(t)\neq0$ 而 $q(t)=0$，方程（3.22）为齐次线性微分方程，

$$\frac{\mathrm{d}y(t)}{\mathrm{d}t} + p(t)y = 0 \tag{3.23}$$

分离变量后，得

$$\frac{\mathrm{d}y}{y} = -p(t)\mathrm{d}t \tag{3.24}$$

它的左边不显含 t 的函数，右边不含 y，它被称为变量分离的形式。两边分别积分，得到

$$\ln y = \int -p(t)\mathrm{d}t + C'$$

则

$$y = C_1' \exp\left(-\int p(t)\mathrm{d}t\right) \tag{3.25}$$

为了求得式（3.22）的特解，应用常数变易法。假设式（3.22）的解具有形式

$$y(t) = C_1'(t)\exp\left(-\int p(t)\mathrm{d}t\right)$$

将它代入式（3.22），应有

$$\frac{\mathrm{d}\left[C_1'(t)\cdot\exp\left(-\int p(t)\mathrm{d}t\right)\right]}{\mathrm{d}t} + p(t)\cdot C_1'(t)\exp\left(-\int p(t)\mathrm{d}t\right) = q(t) \tag{3.26}$$

完成微分演算，依次得

$$\frac{\mathrm{d}C_1'(t)}{\mathrm{d}t}\cdot\exp\left(-\int p(t)\right)\mathrm{d}t + C_1'(t)\cdot\left[-p(t)\exp\left(-\int p(t)\mathrm{d}t\right)\right] +$$
$$p(t)\cdot C_1'(t)\exp\left(-\int p(t)\mathrm{d}t\right) = q(t)$$

注意等式左边的第二项和第三项值相等，符号相反，化简后得

$$\frac{\mathrm{d}C_1'(t)}{\mathrm{d}t} = q(t)\exp\left(\int p(t)\mathrm{d}t\right) \tag{3.27}$$

$$C_1'(t) = \int q(t)\exp\left(\int p(t)\mathrm{d}t\right)\mathrm{d}t + C'' \tag{3.28}$$

得到了 $C_1'(t)$，归纳得到结果，即

$$\mathrm{d}y(t) = \left[\int q(t)\exp\left(\int p(t)\mathrm{d}t\right)\mathrm{d}t + C''\right]\exp\left(-\int p(t)\mathrm{d}t\right)$$

$$= \int q(t)\exp\left(\int p(t)\mathrm{d}t\right)\mathrm{d}t\cdot\exp\left(-\int p(t)\mathrm{d}t\right) +$$

$$C''\exp\left(-\int p(t)\mathrm{d}t\right) \tag{3.29}$$

这就是常数变易法的最后结果。应用时，把微分方程划归式（3.22）的形式，得到两个函数 $p(t)$ 和 $q(t)$，代入式（3.29）即可，无须重复推导过程。

第4章　复杂气固催化过程的实验模型

氯化氢、氯甲烷或某些简单醇与硅在催化剂存在的条件下合成氯硅烷、甲基氯硅烷和烷氧基硅烷的反应,在幸松民的《有机硅合成工艺及其应用》一书中有详细的综述。在铜催化剂及高沸点有机介质存在的条件下，硅与一元醇 ROH（R 为烷基）在高温下反应合成硅氧烷的反应与从氯硅烷出发醇解的工艺路线相比，具有工艺简单、几乎没有有害副产物、没有氯气腐蚀设备和成本低的优点，受到高度重视。

在铜催化剂及高沸点有机介质作用下，硅粉与简单醇的反应，文献给出的反应式如下[13]：

$$2Si + 7ROH \xrightarrow[250\,^{\circ}C]{CuCl} HSi(OR)_3 + Si(OR)_4 + 3H_2 \qquad (4.1)$$

$$2Si + 7ROH \longrightarrow RSiH(OR)_2 + RSi(OR)_3 + 2H_2O + H_2 \qquad (4.2)$$

$$HSi(OR)_3 + ROH \longrightarrow SiH(OR)_4 + H_2 \qquad (4.3)$$

这些反应式提供了过程入、出口物料的基本平衡关系。这一猜测曾经指导了三甲氧基硅烷的直接合成系统设计，实验模型为全混流模型。合成系统将高沸点溶剂、硅粉和催化剂氯化亚铜加入反应器，升温到 230 ~ 250℃，在搅拌下将储存在高位槽的甲醇（CH_3OH）或乙醇（CH_3CH_2OH）逐渐匀速加入反应器内。该装置的典型实验结果：在粗产品中甲醇和三甲氧基硅烷各占三成，其余为四甲氧基硅烷等组分。武汉大学成功开发了三甲氧基硅烷的合成技术，技术不详。笔者在这里给出的是一些分析和猜想，介绍复杂气固催化反应过程的实验模型①。

---

① 某课题在高沸点溶剂存在的高温条件下，用氯化亚铜作催化剂由甲醇与硅反应制备三甲氧基硅烷，产品不合格。受有关专家之邀，笔者研究该过程，撰写本报告。

反应（4.1）~（4.3）既没有提供动力学信息，也没有热力学信息，更没有提供提高产物选择性措施和方法信息。最显著的弱点是甲醇反应不完全，粗产品中含有大约三成甲醇。甲醇在产品中的存在危害极大。只要有甲醇存在，二甲氧基硅烷和三甲氧基硅烷很容易发生继发反应。即使在 5 ℃ 低温下，不需要催化剂，粗产品中的甲醇在储存期间也会与未饱和的硅烷反应，转化为四甲氧基硅烷等不期望的产物。在蒸馏过程中，甲醇与三甲氧基硅烷存在共沸，不仅提纯难度很大，而且继发的副反应也不会停止。即使很少量的甲醇进入产品中，对产品的贮存、运输和应用过程也会带来极大的危害。

除发生上述副反应外，有些副反应会产生水，水又会带来一系列副反应。邢其毅在《有机化学》一书中解释过 $Si(OCH_3)_4$ 的水解反应在 5℃ 以下即可进行，最终生成 H_2SiO_3 和 H_2O。这一反应需要充足的水，当水不多时，可能发生其他反应。含碳氢键的硅氧烷水解后会发生缩聚反应，生成不溶不融的凝胶。凝胶会造成系统故障，贮存与运输过程中还会使产品迅速变质，导致应用困难。

要解决这些问题，就必须探讨过程的热力学与动力学原理，没有有关反应机理的资料的情况下，我们可以对这个过程的机制进行猜测。硅为四价元素，涉及的反应必定有复杂反应的特征，我们应该用复杂化学反应的观点，用复杂反应的实验模型取代简单反应的实验模型，修改系统设计。

我们现在尝试以甲醇与硅粉的反应过程为例对复杂气固过程的原理机制的各个方面和各种可能发生的现象进行分析和猜测，试图解释过程中出现的现象，探索复杂气固催化过程的实验模型设计与工艺优化方案。

4.1 醇与硅气固催化过程的宏观分析

硅与碳同族，为四价元素。类比推定，在硅与甲醇反应合成烷氧基硅烷的过程中，至少有五种产物，通式为 $H_nSi(OCH_3)_{4-n}$（$n=0,1,2,3,4$），目标产物通常为 $HSi(OCH_3)_3$ 和 $H_2Si(OCH_3)_2$。没有查到二甲氧基硅烷和一甲氧基硅烷的任何物理化学数据，估计它们很活泼，难以独立存在。但不能排除它们在某一反应阶段存在，一出现便与醇反应转化成了别的物质。该反应过程不属于简单反应，而是复杂反应，存在选择性问题。

甲醇有两种键断裂方式。在一般条件下，25 °C 时，CH_3—OH 键的断裂能为 387 kJ/mol，CH_3O—H 键的断裂能为 436 kJ/mol，前者较容易断裂。在特定催化条件下，可以使 CH_3O—H 键断裂方式相对于 CH_3—OH 键断裂概率更大。催化剂的选择，可以提高所需要的键断裂方式的概率。假设某催化系统能抑制 CH_3—OH 键的断裂并增加 CH_3O—H 键的断裂几率。我们猜想过程中存在如下 5 个反应来尝试建立一个实验模型：

$$Si + 2CH_3OH \xrightarrow{k_0} H_2Si(OCH_3)_2 \tag{4.4}$$

$$H_2Si(OCH_3)_2 + CH_3OH \xrightarrow{k_1} HSi(OCH_3)_3 + H_2 \tag{4.5}$$

$$H_2Si(OCH_3)_2 + 2CH_3OH \xrightarrow{k_2} Si(OCH_3)_4 + 2H_2 \tag{4.6}$$

$$HSi(OCH_3)_3 + CH_3OH \xrightarrow{k_3} Si(OCH_3)_4 + H_2 \tag{4.7}$$

$$HSi(OCH_3)_3 + CH_3OH \xrightarrow{k_4} CH_3Si(OCH_3)_3 + H_2O \tag{4.8}$$

按碰撞理论分析，系统有 35 种物质产生，并可以估计各种物质的产生概率，对应的色谱图上有 30 多个特征峰就是证据，其中大多数信号非常弱。假设从式（4.4）开始反应过程，猜想 $H_2Si(OCH_3)_2$ 存在于某个反应阶段中，或许不是一次而是分多次完成，不讨论这些属于微观化学的过程。直接产生三甲氧基硅烷的反应

$$Si + 3CH_3OH \xrightarrow[250\,°C]{CuCl} HSi(OCH_3)_3 + H_2 \tag{4.9}$$

和其他副反应，特别是硅烷的水解反应，暂不列入本研究模型中。

4.2　醇与硅反应的热力学

由标准状态下反应的吉布斯自由能变化值 $\Delta_r G_m^\theta$ 可以大体估计反应发生的可能性。$\Delta_r G_m^\theta$ 由式（4.10）计算

$$\Delta_r G_m^\theta (T^\theta) = \Delta_r H_m^\theta - T\Delta_r S_m^\theta \tag{4.10}$$

若化学反应是在标准压力 P^θ 和标准温度 T^θ 下进行的，则

$$\Delta_r S_m^\theta \left(T^\theta \right) = \sum v_B S_m^\theta \left(B, T^\theta \right) \tag{4.11}$$

压力为 P^θ 时，任意温度下化学反应的熵变为

$$\Delta_r S_m^\theta (T) = \Delta_r S_m^\theta \left(T^\theta \right) + \int_{T^\theta}^{T} \left[\sum v_B C_{pm}^\theta (B) / T \right] \mathrm{d}T \tag{4.12}$$

查阅《CRC 物理化学手册》[2]，直到 2003 年出版的 CRC-83 没有查到足够的基础数据来完成计算，不能逐一计算上述反应的吉布斯自由能变化值。根据实践经验，现有系统运行得到了三甲氧基硅烷和四甲氧基硅烷等多种产物。粗产品如果含有甲醇，即使在很低的温度下贮存，三甲氧基硅烷也会逐渐减少，而副产物四甲氧基硅烷逐渐增加。可以推断，三甲氧基硅烷很活泼，不需要催化剂就能与甲醇发生反应变成四甲氧基硅烷。反应（4.7）存在且不可逆。也就是说，多甲氧基硅烷上构成 H—Si 键的氢原子可以被甲氧基取代，甲氧基却不可能被氢原子取代。二甲氧基硅烷和一甲氧基硅烷则更活泼，几乎不能独立存在，以致至今没有查到有关的任何物理化学数据。

反应过程中的这些产物是如何产生的？热力学、动力学和统计学各有不同的说法，暂不讨论这些纯粹理论性的问题。我们可以假设一甲氧基硅烷、二甲氧基硅烷和三甲氧基硅烷都可以在反应过程中产生。产生之后，只要其周围存在甲醇，就会以它们各自的速率进行反应，使得其氢原子被甲氧基取代。如果不加干预，最终连三甲氧基硅烷也会变成四甲氧基硅烷或其他副产物。这些转化是由于反应产物与醇频繁地返混。在返混过程中，含碳氢键较多的物质的氢原子陆续被甲氧基取代。因此，可以推断，全混流实验模型不是这类反应的最佳选择。

尽管有许多理论，每一种理论都能从某一方面解释过程的现象。但每个理论都很难从各个角度、各个方面完满地解释过程中的现象。下面从几个不同角度来猜想过程的状态。

4.3 过程的微分方程与模拟

4.3.1 微分方程的建立

假设反应器是一个容积（V_{volume}）足够大，能容纳全部原料和产物的全

混釜。将 M mol 硅粉及催化剂加入反应器，并且假定硅粉足够细，每一个硅原子发生反应的概率相同。以等速 v mol/min 加入甲醇，且 v 适当大，使系统能维持甲醇的浓度（c_{Me}）为常值，直到反应完成。

5 个反应有相应的 5 个反应速率 k_0、k_1、k_2、k_3 和 k_4。实验时需要测定这些速率，因此模拟时应该作出相应的猜测和假设。在时刻 t，各组分的产生与消耗的浓度变化，可以以反应（4.4）~ 反应（4.8）建立微分方程组[16]。为书写和推导方便，下面用 B_0 代表 Si 的浓度，定义为加入的 Si 总物质的量除以全混釜的有效容积。类似地，B_1 代表 $H_2Si(OCH_3)_2$ 的浓度，B_2 代表 $HSi(OCH_3)_3$ 的浓度，B_3 代表 $Si(OCH_3)_4$ 的浓度，B_4 代表 $CH_3Si(OCH_3)_3$ 的浓度。注意到 Si 的浓度 B_0 的变化只减不增，在反应（4.4）中，一个 Si 原子与两个甲醇分子结合成一个 $H_2Si(OCH_3)_2$。B_0 降低的速率变化为

$$\frac{dB_0}{dt} = -k_0 c_{Me}^2 B_0 \qquad (4.13)$$

Si 减少的量就是二甲氧基硅烷产生的量，Si 减少的速率就是 $H_2Si(OCH_3)_2$ 产生的速率。$H_2Si(OCH_3)_2$ 在反应（4.4）中以速率 k_0 产生，在反应（4.5）和反应（4.6）中分别以速率 k_1、k_2 被消耗。醇的浓度 c_{Me} 和催化剂的效率控制着反应的进程。$HSi(OCH_3)_3$ 在反应（4.5）中以速率 k_1 产生，在反应（4.7）和反应（4.8）中分别以速率 k_3、k_4 被消耗，只有在有醇存在时，这些反应才会发生。$Si(OCH_3)_4$ 和 $CH_3Si(OCH_3)_3$ 的浓度只增不减。这些物质的浓度变化的微分方程组为

$$\frac{dB_1(t)}{dt} = k_0 B_0 c_{Me}^2 - \left(k_1 + k_2 c_{Me}\right) c_{Me} B_1 \qquad (4.14)$$

$$\frac{dB_2(t)}{dt} = k_1 B_1 c_{Me} - \left(k_3 + k_4\right) c_{Me} B_2 \qquad (4.15)$$

$$\frac{dB_3(t)}{dt} = k_2 B_1 c_{Me}^2 + k_3 B_2 c_{Me} \qquad (4.16)$$

$$\frac{dB_4(t)}{dt} = k_4 B_2 c_{Me} \qquad (4.17)$$

在稳态条件下，甲醇浓度 c_{Me} 是一常数，可并入 k 中。令 $k_{12}=k_1+k_2$，

$k_{34}=k_3+k_4$。式（4.13）～式（4.17）可以改写成如下的形式：

$$\frac{\mathrm{d}B_0(t)}{\mathrm{d}t} = -k_0 B_0 \tag{4.18}$$

$$\frac{\mathrm{d}B_1(t)}{\mathrm{d}t} = k_0 B_0 - k_{12} B_1 \tag{4.19}$$

$$\frac{\mathrm{d}B_2(t)}{\mathrm{d}t} = k_1 B_1 - k_{34} B_2 \tag{4.20}$$

$$\frac{\mathrm{d}B_3(t)}{\mathrm{d}t} = k_2 B_1 + k_3 B_2 \tag{4.21}$$

$$\frac{\mathrm{d}B_4(t)}{\mathrm{d}t} = k_4 B_2 \tag{4.22}$$

硅原子不会丢失，其消耗总量与剩余量之和应当等于加入量 M。在任何时刻，这 5 种物质的浓度都满足关系：

$$\sum_{i=0}^{4} B_i = M / V_{\text{volume}} \tag{4.23}$$

甲醇滴入 230 °C 的液体会产生爆沸现象，致使甲醇蒸气不可能全部进入介质中参与反应，不参与反应的甲醇蒸气直接进入产物流。如果考虑这种情况，加入的甲醇的浓度需乘一个小于 1 的系数才是实际参与反应的甲醇的浓度。为简单起见，暂时假设甲醇全部参与反应。式（4.18）～式（4.22）是一组线性微分方程，可以参见 3.4 节采用常数变异法逐个进行积分。积分过程省略，得到积分结果如下：

$$B_0(t) = C_0 \exp(-k_0 t) \tag{4.24}$$

式中，$C_0 = B_0(0) = M / V_{\text{volume}}$。

$$B_1(t) = -C_1 \left(\exp(-k_0 t) - \exp(-k_{12} t) \right) \tag{4.25}$$

式中，$C_1 = -\dfrac{k_0 C_0}{k_{12} - k_0}$。

$$B_2(t) = C_{20} \left(\exp(-k_0 t) + C_{21} \exp(-k_{12} t) \right) + C_2 \exp(-k_{34} t) \tag{4.26}$$

式中，$C_{20} = -\dfrac{k_1 C_1}{k_{34} - k_0}$， $C_{21} = \dfrac{k_1 C_1}{k_{34} - k_{12}}$， $C_2 = -C_{20} - C_{21}$。

$$B_3(t) = C_{30} \exp(-k_0 t) - C_{31} \exp(-k_{12} t) - C_{32} \exp(-k_{34} t) + C_3 \qquad (4.27)$$

式中，$C_{30} = \dfrac{k_2 C_1 - k_3 C_{20}}{(k_0)}$，$C_{31} = \dfrac{k_2 C_1 + k_3 C_{21}}{k_{12}}$，$C_{32} = \dfrac{k_3 C_2}{k_{34}}$， $C_3 = -C_{30} + C_{31} + C_{32}$。

$$B_4(t) = C_{40} \exp(-k_0 t) + C_{41} \exp(-k_{12} t) + C_{42} \exp(-k_{34} t) + C_4 \qquad (4.28)$$

式中，$C_{40} = -\dfrac{k_4 C_{20}}{k_0}$， $C_{41} = -\dfrac{k_4 C_{21}}{k_{12}}$， $C_{42} = -\dfrac{k_4 C_2}{k_{34}}$， $C_4 = -C_{40} - C_{41} - C_{42}$。

$B_4(t)$ 也可以由式（4.18）式算出。

如果在反应（4.4）~ 反应（4.8）之外再加入某个或某些反应，例如硅氧烷的水解反应，微分方程组（4.13）~（4.17）应该增加相应的新物质产生与消耗的方程并重新积分求解。

4.3.2 模 拟

有了函数组就可以编写程序进行模拟。假设一组状态参数（反应速率 k_i），图 4.1 模拟了一个间歇过程。

因为反应（4.5）至（4.7）在产物收集瓶中可以进行，本模拟把产物收集瓶算在反应器内，假设反应器足够大，能容纳所有的原料和产物。图中左下角至右上角的斜线为醇的累积加入百分数，醇指数定义为含甲基或甲氧基物质的实际消耗醇的百分数。模拟各种物质的产生与转换过程，并用百分数来度量。硅不会进入粗产品，因此不计入粗产品的组成。

过程开发的要求是使主产物浓度最高而副产物浓度尽可能地降低。在系统已经确定的前提下，优化的关键是要选取一个时刻停止加醇，以停止反应。

图的下方列出了 4 个点的状态。模拟结果表明：

运行到反应完成 100% 时，保留 6 位数字，硅剩余 28.3654%。粗产品中含有五种物质：二甲氧基硅烷 0.049 581 8，三甲氧基硅烷 0.257 898，四甲氧基硅烷 0.326 437。一甲基三甲氧基硅烷 0.082 429，未反应的甲醇 0.164 095。这五种物质的总数为 0.880 441（它与硅的浓度 0.283 654 之和应该是 100，由于醇指数的误差，不是 100）。以此为 100，计算各组分的比例可以得到：

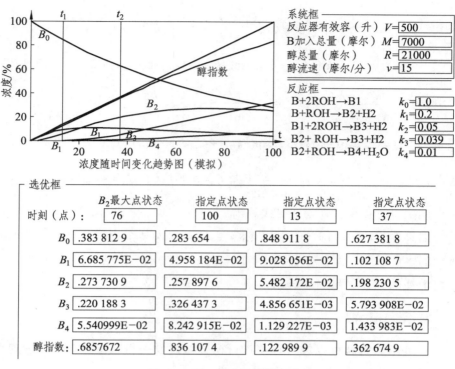

图 4.1　醇-硅过程模拟运行

目标产物二甲氧基硅烷和三甲氧基硅烷共占比约 34.923 4%；

副产物四甲氧基硅烷和甲基三甲氧基硅烷共占比约 46.438 8%；

甲醇约占比 0.164 095/0.880 441=18.637 8%。

这个模拟假设没有发生甲醇爆沸进入粗产品的情况。

同样的算法，运行到反应完成 76% 时，4 种产物分别为：0.066 86，0.273 731，0.220 188，0.055 410，醇指数为 0.685 77。注意，此时加入的甲醇为 0.76，剩余的甲醇为 0.074 233。5 种液体产物之和为 0.690 422。以此为 100，5 个组分的比例分别为 9.683 9%，39.646 9%，31.891 8%，8.025 5%，甲醇占比 10.751 8%。模拟图显示，此时刻三甲氧基硅烷浓度达到最大，但未反应的醇占粗产品的 10.751 8%，二甲氧基硅烷和三甲氧基硅烷共占 49.330 8%，四甲氧基硅烷和甲基三甲氧基硅烷共占 39.917 3%。

运行到反应完成 37% 的时候，同样的算法，未反应的醇只有 0.007 325 1，四种液体组分分别有 0.102 109，0.198 231，0.057 939 1，0.014 339 8，合

计 0.379 944，5 种组分的百分比为：26.874 7%，52.173 7%，15.249 4%，3.774 2%，1.927 9%，二甲氧基硅烷和三甲氧基硅烷共占 79.048 4%，四甲氧基硅烷和甲基三甲氧基硅烷共占 19.023 6%，甲醇只占 1.927 9%。

同理，如果运行到反应完成 13%的时候停止加甲醇，反应会立即停止。这时，四种产物组分分别为：0.090 281，0.054 821 7，0.004 856 65，0.001 129 23，加入的醇与指数之差为 0.007 01。共计 0.158 099。四种产物组分占比分别为：57.104 1%，34.675 5%，3.071 9%，0.714 3%。甲醇只占 4.433 9%。甲氧基硅烷和三甲氧基硅烷占 91.779 6%，四甲氧基硅烷和一甲基三甲氧基硅烷约占 3.786 2%。因为向副产物的转化刚开始，竞争消耗醇的反应很弱，所以，甲醇所占比例较第 37 点处高。

反应终止点如何选择？需要考察更多实验点。模拟程序提供了便利，模拟者可以选取查看任何时间点的运行状态，设计实验条件测定实验结果，修正系统设计和实验设计参数。

假如只给一个脉冲呢？关于脉冲反应器的原理，参见第 4.11.2 节。

在时刻 t_2 之后，因为硅被大量消耗，反应（4.4）和反应（4.5）速率很慢，二甲氧基硅烷和三甲氧基硅烷产生缓慢，对醇的消耗竞争趋于缓和，以转化三甲氧基硅烷为四甲氧基硅烷和甲基三甲氧基硅烷为主。醇指数与醇输入之差越来越大。笔者不赞成间歇反应，至少应该采用固定床，实行连续反应。类似的方法可以模拟连续反应。

反应的控制在于醇。在某一时刻之后即使没有硅，只要有醇和未被完全取代的甲氧基硅烷，反应照样能够继续，直到全部组分变成四甲氧基硅烷或甲基三甲氧基硅烷。如果没有醇，则反应会立即停止，各种产物的浓度不会继续发生变化。假定在运行中的某一时刻，停止加入醇。在系统逐渐消耗完剩余的甲醇之后，反应就会停止。

本模拟假设 $k_0=1$，$k_1=0.2$，这种假设没有根据，只是一种模拟设计。可以选取其他条件进行模拟，上面这些特征大同小异。注意，速率 $k_0 \neq k_1 + k_2$，否则，c_1 会发生计算溢出，造成计算机挂起死机。同理，$k_3 + k_4 \neq k_0$，$k_3 + k_4 \neq k_1 + k_2$。

4.4　系统的体积特性

系统状态主要由醇的流速确定。假定硅粉的体积足够大，以致其消耗量占比可以忽略，在稳态条件下，若醇的流速恒定，反应（4.4）使体积减半，而其余反应消耗醇和产物，不改变系统的体积。若加入的醇的总体积为 V_{in}，反应后的体积为 V_{out}。V_{in} 与 V_{out} 的差反映化学反应的状态。体积没有发生变化，即没有发生反应。实验时，假设反应器是固定床，参见图 4.4，反应器内的压力向外释放。经过冷凝器，除了氢气，都会被凝集在产物收集器中，气体产物进入气球。假如没有液体产物，只有气体，气球膨胀很快，表示分解，

$$CH_3OH \xrightarrow{\text{CuCl, } \Delta} CO + 2H_2$$

反应（4.4）不产氢，二甲氧基硅烷很活泼，反应（4.5）一定会发生，产氢，（4.6）也产氢。收集瓶中应该有液体物，气球的膨胀较慢。反应稳定，则压力稳定。同时产生了液体和气体，压力稳定，反应状态正常。氢气的多少可以判定产物的状态。

如果只发生反应（4.4）和（4.5），首先消耗 2 mol 甲醇，产生出 1 mol 二甲氧基硅，该产物在反应（4.5）中被消耗，产生三甲氧基硅和 1 mol 氢气。产氢速率较慢。若再发生反应（4.6），它消耗 2 mol 甲醇，产生 2 mol 氢气，产氢速度很快。假若全部二甲氧基硅被消耗，产物由反应（4.5）和反应（4.6）的竞争决定。消耗甲醇的量和产生氢气的量也由两个反应速率决定，产生氢气的量介于 1~3 mol 之间。反应发生且产氢气较少是优化状态，产氢量太多不是我们所希望的。由此，可以推测系统的状态，建立系统的控制机制。

反应（4.7）消耗目标产物，产氢量不多。反应（4.8）消耗目标产物，产水，水会在副反应中被消耗，不排出反应器，但会造成系统故障。这两个反应是否发生，不能从产气量中得到估计。

4.5　三相反应模式

在烷氧基硅烷的直接合成技术上，大多数专利采用的都是三相反应模

式：在反应器中加入高沸点溶剂，制备过程中同时存在气、液、固三种形态的物料。

在这个过程中，溶剂到底起什么作用？这是个值得探讨的问题。有人称之为悬浮剂，因为溶剂的存在，固体物借溶剂得到浮力，因而有利于搅拌、固体物料的分散和传质传热。全混釜间歇反应方法借助机械作用使固体物运动，在运动中与气相反应物充分接触，实现气固反应。溶剂的存在能减轻固体物料对搅拌器的磨损。

笔者猜测，甲醇与硅的反应机理为醇解离后与活性硅原子反应结合成烷氧基硅烷。溶剂的最重要的作用是溶剂化效应，使醇解离时倾向于断裂RO—H 键。由此，使醇按指定方式解离是提高反应选择性的关键，解离速度制约反应速度，这就意味着溶剂极性越强越好。用氯化亚铜做催化剂时，检测尾气成分可以做出判断，如果没有溶剂，在高温下反应的主要倾向是分解变成 CO 和 H_2。一个体积甲醇分解得到三体积的气体，尾气收集袋膨胀很快，而液体产物很少。这一事实证明了在烷氧基硅烷的直接合成过程中，溶剂起着极性解离作用。

三相反应技术有一些致命的弱点。溶剂占据了一定的反应器空间，减少了停留时间。高纯度高沸点溶剂十分昂贵，带来了新的杂质源和新的成本要素。如果溶剂不起解离作用，其存在必起隔离作用，使气相反应物和固体颗粒隔离开来。固体颗粒周围增加了新物质，氛围更加复杂，增加了气体扩散的阻力。原料气在溶剂中形成气泡，必须有高速搅拌来使系统均相化。搅拌速度的提高又加大了固体颗粒与搅拌器之间的摩擦力，也使液相乳化，甚至需要加入抗乳化剂，系统越来越复杂。溶剂的应用也必定制约生产规模。这些问题促使人们寻找摆脱溶剂的方法。是否存在某个条件，不用溶剂就产出三甲氧基硅烷？这个问题还有待研究。摆脱溶剂的关键是保证醇的解离模式为 RO—H 键断裂。如果不是溶剂的极性使甲醇解离，就必定有其他方式使甲醇解离，应该找到这些因素，有针对性地解决甲醇的解离问题。不同的解离机理对应不同的措施。如果溶剂不使甲醇解离，则有望摆脱溶剂。如果确定是由于溶剂的极性作用使甲醇解离，就应该采用强极性溶剂。

4.6　甲醇的解离与碰撞统计

甲醇有两种键断裂方式。在一般条件下，25℃时，CH₃—OH 断裂能为 387 kJ/mol，CH₃O—H 断裂能为 436 kJ/mol，前者较容易断裂。在特定条件下，可以使 CH₃O—H 断裂方式相对于 CH₃—OH 断裂方式发生的概率更大。这样考虑，其离解后的基团可能有 4 种：CH₃、OCH₃、OH 和 H。产物具有结构形式

$$H_a Si(CH_3)_b(OCH_3)_c(OH)_d \tag{4.29}$$

式中，a，b，c，d 为自然数，$a+b+c+d=4$。

进一步假定 CH₃—OH 断键方式的概率为 P_1，CH₃O—H 断键方式的概率为 P_2，$P_1+P_2=1$。则 n 个醇分子解离出 nP_1 个（—CH₃）基团，nP_1 个（—OH），nP_2 个（—OCH₃）基团和 nP_2 个（—H）。把 nP_1 简记为 n_1，把 nP_2 简记为 n_2，则 $H_aSi(CH_3)_b(OCH_3)_c(OH)_d$ 出现的概率为

$$P = \frac{C_{n_1}^a C_{n_2}^b C_{n_1}^c C_{n_2}^d}{C_{2n}^4} \tag{4.30}$$

全部可能的产物共有 35 种。对应地在醇硅直接合成过程中的产物的色谱分析图上有 30 余个特征峰。其出现概率容易计算出来（省略）。产物出现概率较好的估计需要这些粒子的半径和质量，准确数据尚未找到。

解离方式有三种：极性解离、催化解离、吸附解离。笔者猜想，本反应中的甲醇需要解离，三种解离方式都可能存在。如果溶剂起着极性解离作用，极性溶剂的存在是必要的。如果甲醇不能快速解离，反应不能快速按指定方向进行。催化剂的作用是促使活性中心的形成，也可能起着催化解离作用，没有催化剂，本反应几乎不发生。

假如能够控制甲醇的解离方式，使 P_1 为 0。则甲醇与硅的反应只有 5 种产物出现。反过来，若假定 P_2 为 0，也只有 5 种产物出现。

4.7　化学吸附

在反应进行条件下，甲醇和甲氧基硅烷都是气相物，而 Si 是固体粉末。因此，反应（4.4）为气固反应，反应（4.5）~（4.8）为气-液或气-气反应。

每个硅原子地位不可能平等，只有与甲醇发生接触的被激活的硅原子有机会参与反应。前面的均相反应模型需要修正。

根据物理化学和化学反应工程的一般原理，当只考虑反应（4.4）时，过程包括以下 4 个步骤：

（1）原料气向固体表面扩散；

（2）原料气被固相物料吸附；

（3）在活性中心处进行化学反应；

（4）产物气从固相物料表面解吸进入气体物流中。

这个过程叫作化学吸附[16]。它一定会经历扩散、吸附、化学反应和产物解吸四个过程，对应耗去 4 个在宏观尺度上很小的时间片段，$t_{扩散}$、$t_{吸附}$、$t_{反应}$ 和 $t_{解吸}$ 四段时间，称为一个吸附周期。这些时间都是统计量。硅与醇的化学吸附无疑属于解离化学吸附。醇必须按需解离，否则得不到所需的产物或产生太多副产物。但是，甲醇究竟是极性解离、催化解离、吸附解离三种方式中的哪一种？或许三者兼有。不同的解离机理其扩散方式不一样。对反应的控制方式、加速反应的措施和实验模型不同。

4.8　缩芯模型

黄恩才在《化学反应工程》[15]一书中引用 Yagi 和 Kunii 的理论，把固体颗粒直径逐渐缩小的反应过程称为缩芯过程。每一个固体颗粒被一层气体滞流膜包裹着。扩散是指原料气透过这层气体滞流膜向颗粒表面扩散。用这一理论来解释甲醇与硅的气固过程，反应发生在硅颗粒的表面，硅粉颗粒粒径在过程中逐渐变小并最后消失。如果硅粉不含非硅固体杂质，不会留下灰分。甲醇通过一个颗粒半径为 R_s，膜半径为 R_g 的气体滞流膜向内扩散，速率与颗粒表面积 S 和甲醇浓度差成正比。

$$-\frac{\mathrm{d}n_M}{\mathrm{d}t} = k_g S(C_{M_s} - C_{M_g}) \tag{4.31}$$

式中，k_g 为传质速率，C_{M_g} 为滞流膜外界面处的醇浓度，C_{M_s} 为固体颗粒表面的醇浓度。在颗粒表面上发生化学反应的速率，即甲醇的分子数消失速率与硅颗粒的表面积 S 和颗粒表面处的甲醇浓度的平方成正比

$$-\frac{\mathrm{d}n_M}{\mathrm{d}t} = kSC_{M_s}^2 \tag{4.32}$$

式中，k 为化学反应速率。

令 $b=k_g/k$，联立式（4.31）和式（4.32），可以得到

$$C_{M_s} = \frac{-b \pm \sqrt{b^2 + 4bC_{M_g}}}{2} \tag{4.33}$$

C_{M_g} 取正值和合理值。将此式代入式（4.32），即得甲醇分子数的消失速率。（4.32）式也可以改换视角，硅颗粒的分子数消失速率为醇消失速率的一半。

$$-\frac{\mathrm{d}n_{Si}}{\mathrm{d}t} = -\frac{\mathrm{d}n_M}{2\mathrm{d}t} = \frac{kSC_{M_s}^2}{2} \tag{4.34}$$

这里含有 3 个工程量，S、k_g 和 k 都是关于时间的未知函数。

单位表面积上的硅原子数可以看作是一个常数，因而颗粒表面的硅原子总数与总面积成正比。$n_{Si} \propto S$，把比例常数并入反应速率常数中，式（4.34）右边变为 $0.5kn_{Si}SC_{M_s}^2$。该式表示硅原子的消失速率，也就是二甲氧基硅烷分子产生的速率，除了表达方式之外和式（4.4）没有本质的区别。若 B_i 表示各组分的分子数，则两个模型的表述完全一致，而分子数量与浓度之间的关系不难得到。

由式（4.32）很自然地得到推论：固体反应物的颗粒越细，则总表面积越大，反应越快。表面积 S 与粒半径 r 和物质密度 ρ 成反比。

$$S = 3/(r\rho)$$

因此，硅粉颗粒应当细。硅的消耗速率与颗粒表面上醇的浓度的平方成正比，体现醇的浓度对硅消耗速率的贡献。提高醇的浓度是提高反应速率，即硅消耗速率的有效措施。对于解离反应，只有解离了的醇能够参与反应。未解离的醇不能参与反应（4.4）。因此，又有推论：解离速度是反应速度的控制因素。提高醇的解离速度是提高反应速度的有效措施。研究醇的解离方式和加速解离的措施具有极为重要的意义。

4.9　扩散过程的主要矛盾与选择性控制

不管是硅的消耗速率还是醇的消耗速率，都不是控制的目标。这二者的快速消耗，既可能快速产生目标产物，也可能快速产生副产物。快速产生目标产物并抑制副产物的产生才是真正的目标。由于有反应（4.4）~反应（4.8），固体硅颗粒周围存在一个由甲醇、$H_2Si(OCH_3)_2$、$HSi(OCH_3)_3$、$Si(OCH_3)_4$ 和 $CH_3Si(OCH_3)_3$ 等物质构成的氛围。甲醇向气体滞流膜内扩散，浓度逐渐形成一个沿半径方向向内降低的浓度梯度。反应产物解吸向外扩散形成一个由内向外沿半径方向降低的浓度梯度。向内传递的甲醇与解吸后向外传递的产物 $H_2Si(OCH_3)_2$ 存在相遇的几率，会发生反应（4.5）变成 $HSi(OCH_3)_3$，进一步反应会变成 $Si(OCH_3)_4$ 或 $CH_3Si(OCH_3)_3$。醇浓度越高，副反应越强烈。因此，不能任意加大醇的浓度，否则会牺牲产物的选择性。在醇-硅过程中，主要矛盾是醇的不完全转化。矛盾的主要方面是醇，而不是硅。研究工作的重点应该放在醇及其转化率上，力求醇能快速而完全地转化。在该系统中，应该保证硅的量与反应器容积的比的稳定。我们在前面定义了该量，硅的浓度。在前面的模拟中，硅的浓度在衰减。要保证硅的浓度稳定在一个适当的范围内，浓度降低超过这个范围之后应该补充硅粉。实践经验表明，$H_2Si(OCH_3)_2$、$HSi(OCH_3)_3$ 与醇的反应无需催化剂，在很低的温度下就能发生反应。控制醇与产物的返混率，是实现产物选择性控制的关键。

决定醇转化的条件是醇与硅进行化学反应的基本条件，如适宜的温度、压力、解离条件、催化剂活性和扩散传质速率等。而决定醇快速转化的控制步骤，对反应（4.4）而言是醇的解离速度，同时反应（4.4）~反应（4.8）也在竞争消耗醇。如果反应（4.4）不能快速反应，则 $H_2Si(OCH_3)_2$ 的产生在竞争中处于劣势，副产物势必增多。因此，解离剂的选择十分重要。除此之外，决定醇完全转化的条件还有固体物的吸附特性和气固两相充分的接触时间。设反应器内固体粉末的表面积为 S，在特定条件下的吸附量是个常数，与具体的物质的吸附常数 α 有关，吸附量为 αS。经过一个吸附周期后，被吸附的气体就完成一个化学吸附周期。如果加料速度超过了 αS，多余的原料气就会随流进入产物流中，增加副反应的几率。固体物表面积、吸附常数和化学吸附周期是 3 个本质参数，决定了系统的效率和处理能力。

要提高选择性，除解离速率外，还应控制返混率。如果产物反复与醇接触，必然增加副反应的机会。全混流过程中，物质浓度与位置无关，气体会迅速分散到整个空间，原料气会迅速扩散到产物流中。因此，全混流的选择性很低，不是适合复杂反应的实验模型。仅当目标产物在反应的较后步骤时，允许适当的返混率。

如果反应（4.6）~ 反应（4.8）的反应速率快，则很不利于 $HSi(OCH_3)_3$ 的产率。因此，为提高 $HSi(OCH_3)_3$ 的产率，需要提高反应（4.4）和反应（4.5）的速率，抑制反应（4.6）~ 反应（4.8）的反应速率。如果没有抑制反应（4.6）~ 反应（4.8）的措施，就得考虑其他方法。

最激烈的副反应步骤往往处在反应的较后阶段，这些反应步骤可以通过控制甲醇浓度来减少副反应的发生。避免甲醇在固体料层中分布处于积累状态，抑制副反应。原料气在反应器内的分布不可能均匀地给予每个硅颗粒正好一层甲醇。吸附与解吸处于动态平衡状态，吸附量随机地分布，反应按概率在活性中心发生。如果只给一层吸附量，很容易计算得出物料馈送效率和生产效率都很低的结论。多种可以互相发生化学反应的气体混合时，如果没有能完全抑制不需要的反应发生的措施，任一种产物的产率都不可能达到 100%。选择性控制，指的就是使反应有利于所需要的产物，而不利于副产物。通过控制反应器内相关成分的比例，控制产物与原料气的混合比，就可以提高选择性。既要实现原料气的完全转化又要实现产物选择性控制，从原料气变成产物气时就必须按要求快速行动，即原料气在固体层中的扩散运动要快。一旦化学反应完成之后生成的产物就要迅速解吸并离开反应区，降低与原料气再次相遇的概率。技术的关键是设计出特定的化学工艺和反应装置，如平推流或近似平推流反应器。

4.10　气固反应器中的行为

醇-硅过程是一个复杂的化学吸附过程，不能只考虑反应(4.4)的行为。扩散和吸附是需要一定时间的过程，才能使原料气均匀扩散到整个空间中的每一颗粒的表面。在这一段宏观地看来很短的时间里会发生许多事情。

　　将扩散过程从宏观向微观过渡。假定反应器是一个固定床（不带搅拌器），容积足够大，硅粉料层足够厚，原料气经导气管进入反应器时导气管出口处不加任何分配装置，甲醇气体离开导气管时有一个初始流速。在动量的推动下，气体在固体层中运动。这种运动受到固体的阻挡，不能像在均相介质中那样能很快地扩散。气体在宏观上的流动速度逐渐降低，最后失去"流动"的能力。气体在固体层中的运动又服从扩散定律，从浓度高的地方向浓度低的地方扩散，最后透过气体滞留膜向颗粒表面扩散并被吸附。假如给予的是一个长度足够短的气体脉冲。可以想象，气体在料层中的扩散过程不是一开始就形成栓塞状的分配形式，而是树的形状。随着时间的推移，"树"渐渐变得形影模糊，最后消失。气体逐渐弥漫扩散到整个反应器，扩散与吸附达到平衡。在扩散和吸附过程中，被吸附的气体在活性中心处发生化学反应，产物解吸向上运动。一个气体脉冲在反应器内占据一段空间，成为一个栓塞后向上移动。在整个反应器内，原料气的分布规律大体是从下向上浓度逐渐降低，产物浓度则由于产物气解吸向上流动形成相反的浓度梯度。如果这棵树的树顶冲破了固体料层的顶界面，部分原料气会直接进入产物流中。当气源压力很高时，气流初速很高，会形成固体流态化现象，直接流向产物的原料气更多。

　　假如流动是理想的，甲醇和产物在硅粉固定床中的运动是等速的，气体在固体层中的运动路径如图 4.2 所示。

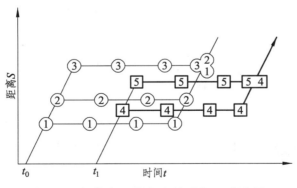

图 4.2　气体在固定床中的理想运动路径

　　假定在 t_0 时刻有若干个已编号甲醇分子离开导气管进入床层中开始扩散。第 1 号甲醇分子运动了一段距离之后，被硅粉吸附住而停了下来。然后又经过了一段时间后反应变成了 $H_2Si(OCH_3)_2$ 但位置不变，$H_2Si(OCH_3)_2$ 再经过了一段时间后解吸进入气体物流以同样的速度上升。第 2 号分子比第 1 号分子滞后了一段时间，第 3 号分子再滞后一段时间分别继续前进一段距离，发生和第 1 号分子同样的吸附、反应和解吸过程。先被吸附的分子在反应后终将同后被吸附的分子到达同一高度位置上。即同一时刻离开导气管的分子不管它们在什么位置上被吸附，最终都会聚集在同一高度位置上。

假如在 t_1 时刻有第 4、5 号及后续甲醇分子从导气管口流出，也将出现同一情形，相对于第 1、2、3 号分子还有一个时间差 t_1-t_0。可以推断，若 t_1-t_0 小于扩散周期，前期被吸附的分子还没有完成化学吸附周期仍然待在原处，那么第 4、5 号及后续甲醇分子会遇上 t_0 时刻进入硅粉层被吸附住的甲醇分子，或与生成的产物相遇并发生继发反应。后一时刻的大部分气体会沿着前一时刻的气体的路径更快地前进。先是越过那些已被吸附留下来的气体，然后冲到最前面形成新支流。直到先前被吸附留下的气体完成化学反应生成的产物气通过解吸过程进入气体流中，这时便发生了原料气与产物的混合，气流不再是单纯的原料气流，而是原料气与产物气的混合流。一部分原料气需要去补充已经反应解吸的空位，气体分子队列发生了紊乱。因此，在固定床中有吸附的流动不是平推流，而是蠕动。

相较而言，扩散比较慢而吸附和化学反应比较快。宏观扩散过程在尺度上比较大。一个长度为 t_1-t_0 的原料气脉冲，其内部产物气与原料气会发生混合，逐渐向上运动到反应器的顶部形成一个具有一定厚度的栓塞。t_1-t_0 越小，栓塞长度越短。如果这个脉冲长度达到或超过吸附周期的长度，那么一个栓塞与另一个栓塞会有一部分重叠，原料与产物的混合率会比较高。

4.11　复杂气固催化反应平推流实验模型

由于复杂气固催化反应包含吸附-解吸过程，在固定床内蠕动，而不是平动，很难设计出平推流装置。近似平推流装置的设计可以有很多，以下介绍 4 种。类似的原理可以导出各种各样的近似平推流装置。

4.11.1　平推流反应器的概念设计

一种气固复杂反应的平推流反应器的概念如图 4.3 所示。

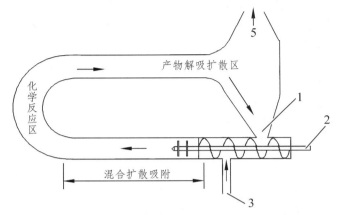

1—粉料入口；2—推进器旋转柄；3—气体入口；
4—粉料回收路线；5—产物出口。

图 4.3　平推流反应器概念设计

反应器具有环形结构，固相物料及催化剂先放入加料斗 1 中，2 为推进器旋转轴，电机带动推进器旋转，将固相物料从加料斗 1 处吸入粉体并沿箭头所指方向向前推进，在原料气入口 3 处又吸入原料气，在混合扩散区完成混合扩散过程和吸附过程，再被后来的物料推向前进，进入化学反应过程，在产物减压解吸区完成解吸过程，气体产物从产物排出口 5 排出反应器，未反应的固相物料沿 4 的方向沉降入固相物料加料斗，进入下一个周期。只要原料气的流速恰当，该反应器内的流动为平推流。

如果反应物不是固体而是液体，其产物为气体，该反应器的可行性更好。

4.11.2　脉冲反应器及其实验模型

如图 4.4 所示，脉冲反应器主要由以下几部分组成：

（1）反应器：一根直管，内部预装经过标准处理过的硅粉与催化剂的混合物。外包加热系统及测量反应器内温度的传感器。下部为气体入口，气体经适当分配后进入料层，顶部设气固分离装置，产物气流向产品收集器。

（2）存储罐：气体或液体原料存储在储罐中，预热气化到指定压力待用。

（3）脉冲阀：带脉冲发生器的电磁阀，一端连接原料气罐，常闭；出口连接反应器下部入口。

（4）产物收集器：产物经冷凝收集于收集器。

（5）尾气袋：尾气收集于尾气袋中。

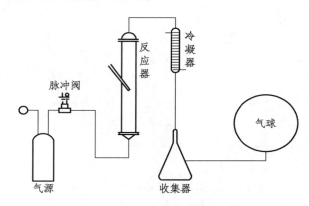

图 4.4　脉冲反应器示意

　　这种装置不需要搅拌，是最廉价的近似平推流反应器，可以用来测定和估计某些工程参数并探讨平推流的效能。

　　脉冲反应器可以实验得到以下参数：

（1）脉冲周期长度 T_a。

（2）单个脉冲宽度 T_0，表示脉冲阀开启时间长度。$T_a - T_0$ 为关闭时间。根据前面模拟的讨论，脉冲开启的时间应该选择在时刻 t_2，其准确位置需要由实验确定。

（3）甲醇汽化压力 P，决定了脉冲强度。

（4）适当的惰性气体载流有利于平推流形成和传质传热。

4.11.3　螺旋式搅拌反应器

　　如图 4.5 所示，螺旋式搅拌反应器是一种平推流反应器，为一个双层结构，外层为一个标准的反应釜，带一螺旋式搅拌器，中间围绕着螺旋式搅拌器为一个桶状结构，把反应空间划分为两部分，内外截面积相等。固体反应物预先加入釜内，电机带动螺杆旋转，加热到指定温度后，具有压力的原料气从下面进入反应器底部被螺旋搅拌器推向上方前进，与固体物料混合、扩散，沿轴向提升向上行进。完成反应后，产物气在顶部解吸排出反应器，固体物料从反应器外层沉降循环。

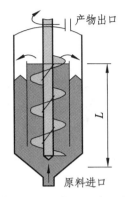

图 4.5 带螺旋桨式搅拌的反应器概念设计示意

反应器的内层与外层空间需要恰当配合以保证空间效益。原料气的馈送速度与螺杆的旋转速度应该恰当配合，使原料气进入到达顶端时，反应完成，避免原料气未反应完全而进入产物流。反应器设计完成后，实验参数实际上只有两个：原料气流速和螺杆转速。

4.11.4 串联反应器

串联反应器是实现复杂反应的合适装置，如果需要加装溶剂等其他物料需按容积比加入。

反应釜的容积不宜太大，与气体进入的流量相匹配。原料气进入第一个釜，扩散会非常快，迅速分散并均匀地吸附。未被吸附的原料气进入第二釜，过程与第一釜相同。

对于连续流，前期被吸附的气体还没有完成其化学吸附周期，新的原料气接踵而至，由前期原料气完成化学吸附周期之后生成的产物气立即汇入原料流，气流成为混合流。后期的原料气，一部分填补前期气体完成化学吸附周期解吸后留下的空位，另一部分与前期生成的产物气混合，发生继发反应，以混合流的方式进入第二釜。再多的串联釜也无法避免混合流的出现。对于气固反应，搅拌不是必须的。

如果是脉冲流，一个脉冲原料气进来后很快就被均匀地吸附。多余的未被吸附的原料气流入第二釜，完成与第一釜同样的过程。完成其化学吸附周期之后，产物流被推动前进。如果有载流惰性气体将推动气体的流动，这将是良好的流动。原料气的转化率将非常高，副产物也将减少。脉冲周期应该是多长？脉冲的长度和强度该如何调配？这都需要实验确定。实验设计参考 4.11.2 节。

运用串联结构，可以合理地极小化反应器总体积。第一釜出口的体积流量显著小于入口，所以第二釜的有效容积应该比第一釜小，以此类推。采用什么体积分布，应视反应体积收缩速率而定。合理的釜数目和体积分布与第一釜的入口流量和反应速率有关。由于目标产物是三甲氧基硅烷，适当的返混是允许的。

4.12　复杂气固催化过程：一氯甲烷与硅反应的实验模型

在铜催化剂存在的条件下，在流化床中，$250 \sim 300°C$ 下，氯甲烷与硅粉进行气-固-固反应，可以直接合成甲基氯硅烷。该反应的创始可以追溯到 1940 年，史称 Rochow-Müller 方法。合成技术发展很快，20 世纪末，中国已经建成若干个工业化装置，最大装置年产十几万吨甲基氯硅烷。仅仅过了几年，单个装置年产 20 多万吨。表 4.1 为 2002 年的典型产出数据。

表 4.1　某硅-氯甲烷直接合成甲基氯硅烷装置的典型结果（分馏后）

序号	产物分子式	产率/%
1	CH_3SiCl_3	12.2
2	$(CH_3)_2SiCl_2$	76.6
3	$(CH_3)_3SiCl$	2.96
4	其他	8.24

由于高效催化剂的开发和技术进步，二甲基二氯硅烷在产物中占比已经接近 90%。合成有流化床、沸腾床等全混流实验模型。攻关的主要方向是催化技术开发及反应器结构的改进，改善传热，以达到提高选择性的目的。主要存在下列问题：无用或低价值副产物多且难以处理、催化剂与反应残留物混合在产物中难以分离回收、生产过程对环境造成的污染不容忽

视；此外，高效催化剂带来高成本，对装置的经济效益带来了不利影响；在反应机理研究方面有所进展，对热力学和反应机理的描述尚存疑问。

4.12.1　氯甲烷与硅反应的热力学与过程机制的宏观分析

看上去前面的讨论几乎都可以搬到氯甲烷与硅的反应过程中来。其实不然，有它自己的特性，不能照搬。

我们首先尝试把甲醇与硅反应的反应搬过来建立一组反应，从宏观上讨论反应的热力学问题。

$$Si + 2CH_3Cl \xrightarrow[Cu]{k_1} Cl_2Si(CH_3)_2 \tag{4.35}$$

$$Cl_2Si(CH_3)_2 + CH_3Cl \xrightarrow{k_2} ClSi(CH_3)_3 + Cl_2 \tag{4.36}$$

$$Cl_2Si(CH_3)_2 + 2CH_3Cl \xrightarrow{k_3} Si(CH_3)_4 + 2Cl_2 \tag{4.37}$$

$$ClSi(CH_3)_3 + CH_3Cl \xrightarrow{k_4} Si(CH_3)_4 + Cl_2 \tag{4.38}$$

甲醇与硅的反应产物中不能找到 $H_3Si(CH_3O)$ 和 $H_2Si(CH_3O)_2$，但在氯甲烷与硅的反应中，CH_3SiCl_3 和 $(CH_3)_2SiCl_2$ 的产率却很高。参见表 4.1。

按热力学算法，反应 $aA+bB=cC+dD$ 的标准吉布斯自由能的估计公式为

$$\Delta_r G_m^\theta = c\Delta_f G_m^\theta(C) + d\Delta_f G_m^\theta(D) -$$

$$\{a\Delta_f G_m^\theta(A) + b\Delta_f G_m^\theta(B)\} \tag{4.39}$$

如果 $\Delta_r G_m^\theta < 0$，则反应会自发进行且不可逆；假若 $\Delta_r G_m^\theta > 0$，则逆反应会自发进行。计算需要的相关标准吉布斯自由能数据较容易从 CRC 物理化学手册[2]中找到，列于表 4.2。

表 4.2　主要物料的标准吉布斯自由能 $\Delta_f G_m^\theta$　　单位：kJ/mol

Si	CH_3Cl	(CH_3)_3SiCl	(CH_3)_2SiCl_2	CH_3SiCl_3	(CH_3)_4Si	SiCl_4	C_2H_6
405.5	−58.4	−243.5	−363.7	−511.1	−99.9	−617	−32

反应（4.35）~ 反应（4.38）的吉布斯自由能 $\Delta_r G_m^\theta$ 分别为 − 652.4 kJ/mol、+178.6 kJ/mol、+380.6 kJ/mol 和+202.0 kJ/mol。结果表明，Si 可以与 CH_3Cl

直接反应产生甲基氯硅烷且反应不可逆，反应（4.36）～反应（4.38）不能自发地发生。换句话说，三甲基氯硅烷可以由用氯取代四甲基氯硅烷的一个甲基获得，二甲基氯硅烷可以通过取代三甲基氯硅烷而得，依此类推。

容易得到反应（4.40）的吉布斯自由能：

$$(CH_3)_2SiCl_2 + CH_3Cl \longrightarrow CH_3SiCl_3 + C_2H_6 \qquad (4.40)$$

$$\Delta_r G_m^\theta = -511.7 - 32 + 363.7 + 58.4 = -121.6 \, kJ/mol$$

即 $Cl_2Si(CH_3)_2$ 与 CH_3Cl 的反应可以自发地发生且不可逆，生成的不是 $(CH_3)_3SiCl$，而是 CH_3SiCl_3。含甲基的氯硅烷可以与 Cl_2 反应，其甲基可以被氯取代。$Cl_2Si(CH_3)_2$ 产生之后，在流化床或固定床中的反复返混过程中会发生继发反应，其上的甲基被氯取代。同理，$(CH_3)_3SiCl$ 被生成之后，它也会在不断地返混中被氯取代甲基。换句话说，已生成的含甲基的氯硅烷上甲基只会减少不会增加，而氯只会增加不会减少。

4.12.2 氯甲烷-硅催化反应的碰撞与统计

尽管反应（4.35）能够自发地发生，且其吉普斯自由能很低（$-652.4 \, kJ/mol$），但实践证明，如果没有铜系催化剂存在，Si 与 CH_3Cl 反应产生甲基氯硅烷的化学反应几乎不会发生。而过程中会发生返混，使含甲基的氯硅烷的甲基逐渐被氯取代，这正是复杂气固催化过程的特征。可以相信，如果没有适当的措施干预该过程，所有含甲基的氯硅烷最终都会变成四氯化硅 $SiCl_4$。

提高选择性有两种方法。其一是如现在做的，通过开发高效的或特殊的催化剂或特殊的催化方法，提高反应（4.35）的速率来提高目标产物的选择性。实践已经证明，效果良好，在最终的产品中 $Cl_2Si(CH_3)_2$ 已经占比接近 90%。另一种方法是把这个过程认定为复杂气固催化过程，遵从气固催化过程的规律，通过减少或消除返混，阻止或消除副反应来提高选择性。例如，采用平推流或近似平推流反应器，能够改善传质、传热，改进停留时间和停留时间分布，减少甚至消除返混，减少或避免发生氯取代甲基的副反应，减少低价值副产物，或许还可以降低催化成本，提高经济效益。

由于催化剂的作用，某些 Si 原子被激活，产生活性中心 Si*，"*"表示一个被激活的 Si 原子的一个表面部位。系统中陆续出现很多这样的活性中心。CH₃Cl 在硅粉床中快速地运动扩散，然后被吸附。由于吸附作用、催化剂的作用或者被激活的 Si* 的某种作用，CH₃Cl 发生解离，成为两个碎片。我们用 (Cl) 和 (CH₃) 来记这两个碎片。假设一个被激活的硅原子 Si* 的影响范围内有 n 个 CH₃Cl 分子被离解为 n 对 (Cl) 和 (CH₃)，如图 4.6 所示。

Si* 会从这些游离的、快速运动的粒子中随机地选取 4 个来组成分子。选取过程是一次抑或分多次不是现在要考虑的问题。其余的粒子继续运动着，寻找新的活性硅原子以求结合成新的分子，这就是化学吸附。每个 Si* 选取组成新分子的粒子不尽相同，这种选择的多样性决定了产物的多样性。

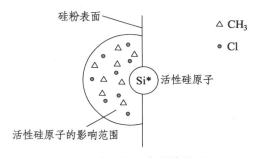

图 4.6　氯甲烷-硅碰撞模型

过程十分复杂，影响因素很多。催化剂、原料杂质也可有自己的选择偏好，影响 Si* 的选择性。还需要考虑这些粒子的直径和活化能。如果在一个活性中心有多个活性硅原子，则有产生 Si—Si 或 Si=Si 键的可能。亦如文献所述，如果传热不畅，产生过高的温度，CH₃ 也会被裂解，甚至产生 H，导致更复杂的氛围，产生含氢硅烷，也可能产生 C₂H₆ 和 Cl₂。简化实验模型，暂时忽略这些复杂情况，用纯粹碰撞的观点从宏观上讨论粒子间的行为，猜想过程的宏观机制。

Si 的每个键有选择氯或甲基两种可能，4 个键有 16 种选择，忽略掉键位置的编号，总共有 5 种可能的产物，第 i 种产物的产生的概率为 P_i，合成物通式为

$$(CH_3)_p Si(Cl)_q, \quad p+q=4, \quad 0 \leqslant p, \quad q \leqslant 4 \qquad (4.41)$$

系统会按热力学规律达到动态平衡，算法与醇硅过程大同小异，5 种

产物的产生概率可以用下面的方式估计：

$$SiCl_4 : P_1 = C_n^4 / C_{2n}^4 = (n-2)(n-3) / [4(2n-1)(2n-3)] \quad (4.42)$$

$$CH_3SiCl_3 : P_2 = C_n^1 C_n^3 / C_{2n}^4 = n(n-2) / [(2n-1)(2n-3)] \quad (4.43)$$

$$(CH_3)_2SiCl_2 : P_3 = C_n^2 C_n^2 / C_{2n}^4 = n(n-1) / [4(2n-1)(2n-3)] \quad (4.44)$$

$$(CH_3)_3SiCl : P_4 = P_2 \quad (4.45)$$

$$(CH_3)_4Si : P_5 = P_1 \quad (4.46)$$

n 取各种值时各组分出现的概率的估计值如表 4.3 所示。

表 4.3　5 种氯硅烷的产生概率估计值

n	$SiCl_4$	CH_3SiCl_3	$(CH_3)_2SiCl_2$	$(CH_3)_3SiCl$	$(CH_3)_4Si$
3	0	0.2	0.6	0.2	0
4	0.014 3	0.228 6	0.514 3	0.228 6	0.014 3
5	0.023 8	0.238 1	0.476 2	0.238 1	0.023 8
6	0.030 3	0.242 4	0.454 6	0.242 4	0.030 3
7	0.035	0.244 8	0.440 6	0.244 8	0.035
8	0.038 5	0.246 2	0.430 8	0.246 2	0.038 5
10	0.043 3	0.247 7	0.418	0.247 7	0.043 3
20	0.053	0.249 5	0.395	0.249 5	0.053

　　如果考虑到游离的基团(Cl)比(CH₃)小很多，在碰撞中(CH₃)更有优势，它被选取的概率会更大。铜及其氧化物和氯化物对氯的吸附作用体现它们的角色和对反应过程的干预，使(CH₃)比(Cl)有与 Si* 结合形成含甲基的产物的更大的权。在一个 Si* 的影响范围内，n 越大，$(CH_3)_2SiCl_2$ 的选择性（产生概率）越小。颗粒表面吸附一层的粒子数量级为 $10^{19}/m^2$。化学吸附中，颗粒表面的吸附量不多于一层，甚至远远低于一层。如果送气流速太慢会降低生产效率，恰当控制氯甲烷的流速是一个优化议题。

　　无论何种过程机理，返混引起的继发反应将使甲基氯硅烷上的某些甲基被氯取代。设计出合理的反应器降低或消除返混能提高选择性，从而减少低价值副产物是提高经济效益的有效方法。

第2部分
试验设计

>>>>>>>>

第 5 章　实验数据与极值原理

5.1　实验与试验数据的整理

实验是认识事物的基本方法，实验是学习新知识的手段，有些知识是书本上没有的，只能来自实践。实验是开发新产品的必经过程。在社会过程中，实验是变革社会的尝试。开发新产品或者优化老产品，首先通过实验确认可行性，然后通过实验取得实验数据，通过对数据的分析获得优化的参数，优化生产工艺。

数据是实验信息的记录。实验时，观察要全面仔细，记录要尽可能地详细。一次实验不只是本次实验的事，它也是前次实验的延续，还是继续实验的基础。对一次实验只能作简单的评估，因此实验分析不能孤立地只分析某一次实验，必须前后联系起来，找到现象与现象之间的关系和现象的本质，实现工艺参数优化。

假设一个实验过程（也称系统）包含 p 个变量（或称为因子）和 q 个响应（或称为因变量）。我们约定用一个粗体字母来表示一组变量的整体，称为向量。例如，变量 $x =(x_1,\cdots,x_n)$ 表示一个自变量 x 在 n 次实验中的 n 个取值的整体，也称为该因子试验的 n 个水平。响应 $y=(y_1,\cdots,y_n)$ 表示一个因变量 y 在 n 次实验中的 n 个实验结果的整体。x_i 和 y_i 表示第 i 个变量和第 i 个响应变量。

大写的粗体字母表示矩阵，$X=(x_1, x_2,\cdots, x_p)$，其中 x_i 是第 i 个列向量（$i=1, 2,\cdots, p$），对应于第 i 个变量及其水平设计。做第 i 个实验，也称为一次试验，就是给系统输进 $(x_{i1}, x_{i2},\cdots, x_{ip})$，相当于 X 的一个行向量。产生了产物，经测试具有性能 $(y_{i1}, y_{i2},\cdots, y_{iq})$。做实验要全程认真地观察实验，不同时间节点观察到的现象和变化也应该记录下来，形成一个实验的记录。

除了实验记录，还应该有整理记录。做了 n 个实验，可以整理成一张表，见表 5.1。

表 5.1　实验数据整理格式

试验号	x_1	x_2	$\cdots$	x_p	y_1	y_2	$\cdots$	y_q
1	x_{11}	x_{12}	$\cdots$	x_{1p}	y_{11}	y_{12}	$\cdots$	y_{1q}
$\vdots$	$\vdots$	$\vdots$	$\vdots$	$\vdots$	$\vdots$	$\vdots$	$\vdots$	$\vdots$
n	x_{n1}	x_{n2}	$\cdots$	x_{np}	y_{n1}	y_{n2}	$\cdots$	y_{nq}

这是试验分析的基本素材。即使不做计算分析，这样整理也很有益。将实验结果条理化的同时，实验者的思维也条理化了，把问题放在心里，经常咀嚼实验中发现的现象和结果，必要时重温原始记录，把前后的实验数据和现象联系起来思考，可以有所发现或产生解决问题的灵感。去掉表 5.1 的表格形式，得到一个矩阵

$$
\begin{matrix}
x_{11} & \cdots & x_{1p} & y_{11} & \cdots & y_{1q} \\
x_{21} & \cdots & x_{2p} & y_{21} & \cdots & y_{2q} \\
\vdots & & \vdots & \vdots & & \vdots \\
x_{n1} & \cdots & x_{np} & y_{n1} & \cdots & y_{nq}
\end{matrix}
\tag{5.1}
$$

给这个矩阵文件起一个名字，存放在计算机中供数据处理软件调用的正是这个文件，它是我们进行数据处理的主角。表的左边部分与自变量有关，记作 X，与因变量有关部分记作 Y，这个矩阵可以简单地写作

$$
(X; Y) \tag{5.2}
$$

这里的 X 表示与自变量有关的部分，矩阵（5.2）被称作实验样本。X 与 Y 都是矩阵，X 为试验设计矩阵，有时也叫采样方案或采样计划；Y 称为响应矩阵。一个向量也可以看作是矩阵，所以，以上的数据格式也适合于一个自变量和一个响应的情形。

研究事物之间的关系时，试验数据有时来自搜集整理，例如所谓大数据。哪个变量是自变量，哪个变量是响应并不确定，在数据处理时才指定自变量和因变量。在这种情况下，数据文件格式不受上述格式的约束。

5.2 试验数据预处理

对数据记录的基本要求是真实、准确。操作参数发生偏差时，数据是多少就记多少。真实性、可靠性有疑问的数据会严重干扰分析结果。所以，"坏实验"要重做，数据要做预处理并筛选。除了那些已经察觉不正常而不能修正的实验，将它标记暂时不参与计算之外，不能凭主观意志删除数据。

什么叫坏数据？坏数据、异常值和粗差都是一个意思。只有那些由于不明原因造成的偏差过大的数据称作坏数据。无论多么认真细致，实验结果都不能避免受随机因素的干扰，总是围绕某个值发生随机波动。这是正常的，这样的数据不能算作坏数据。操作的微小偏差有时是操作者不能觉察的，如果觉察到了通常会加以记录。没有觉察到的情况包括：操作参数随机漂移，人员在意识之外进行了误操作；系统存在应受控制而未受控和应观察而未观察的影响因素；记录错误等。在做试验分析时，误差太大，超过了一定限度，就会使参数估计偏差加大，干扰分析，预报偏差变大。因此，对那些真实性、可靠性没有把握的数据应予剔除，不参加计算分析。数据取舍应依据一定的准则，请参阅有关标准[30、31]，遵守修约规则。有些标准往往是服务于法律，用于仲裁某些质量纠纷，实验数据处理可以宽松一点。

5.3 预报函数与函数的极值原理

5.3.1 预报函数

工业试验统计通常用一组代数式来表达输出 y 与输入 X 之间的关系，

$$F_i(X, y_i, b_i) = 0, \quad i = 1, 2, \cdots, p \qquad (5.3)$$

其中，$b = (b_1, b_2, \cdots, b_t)$ 代表一组待定参数。一般来说，$t \neq p$，因为待定参数个数不一定是 p 个，可能多（对于非线性模型），也可能少（某些变量没有进入预报方程）。

式（5.3）是隐式的。如果能够写成形式

$$y_i = f_i(X, b) \qquad (5.4)$$

y 对 X 的关系是显式的。如果函数 f 具有形式

$$y = b_0 + \sum b_i x_i \qquad\qquad (5.5)$$

它是完全线性的形式。所谓线性回归方程就是这样的。

5.3.2 单变量函数的极值

极值原理是寻找预报方程优化解的基本原理，在各种数学分析原理著作中都有介绍。本书的极值原理的叙述参考自斯米尔诺夫《高等数学教程》的第一卷。

若函数 $f(x)$ 在点 x_0 的双侧邻域中有定义，对于 $|x-x_0|<\delta$ 内的一切点 x，都有

$$f(x) < f(x_0)$$

则称函数 $f(x)$ 在 x_0 处有极大值。同理，若

$$f(x) > f(x_0)$$

则称函数 $f(x)$ 在 x_0 处有极小值。若函数 $f(x)$ 在区间 (a,b) 内存在有限导数且在 x_0 处有极值，则必有 $f'(x_0)=0$ 并称点 x_0 为 $f(x)$ 的一个稳定点。通常都把极大值问题化为极小值问题，只需将函数变个符号即可。若函数 $f(x)$ 在 x_0 处不可微，x_0 也可能是极点。因此，极值存在的必要条件应该是使 $f'(x)=0$ 或 $f'(x)$ 不存在的地方。

极值存在的充分条件归纳为以下三种判别法：

1. 第一判别法

第一判别法的具体内容，见表 5.2。

表 5.2　第一判别法

x	$x<x_0$	x_0	$x>x_0$	$f(x)$
$f'(x)$	+	0	−	极大值
$f'(x)$	−	0	+	极小值
$f'(x)$	+	0	+	函数上升，x_0 为拐点
$f'(x)$	−	0	−	函数下降，x_0 为拐点

2. 第二判别法

若函数 $f(x)$ 在邻域 $|x-x_0|<\delta$ 内有二阶导数 $f''(x)$，并且在 x_0 处有

$$f'(x_0)=0, \quad f''(x_0)\neq 0$$

则在 x_0 处函数 $f(x)$ 有极值：

$$f''(x_0)<0 \text{ 时，为极大值}$$

$$f''(x_0)>0 \text{ 时，为极小值}$$

3．第三判别法

若函数 $f(x)$ 在邻域 $|x-x_0|<\delta$ 内有各阶导数 $f^{(n)}(x)$，并且在 x_0 处有

$$f^{(k)}(x)=0, \quad (k=1, 2, 3, \cdots, n-1)$$

$$f^{(n)}(x)\neq 0$$

若 n 为偶数，则函数 $f(x)$ 在点 x_0 处有极值，

$$f^{(n)}(x)<0 \text{ 时，为极大值}$$

$$f^{(n)}(x)>0 \text{ 时，为极小值}$$

若 n 为奇数，则函数 $f(x)$ 在点 x_0 处无极值。

4．函数的最大值和最小值

函数的最大值和最小值是指 $f(x)$ 在 $[a,b]$ 上的最大值和最小值，函数在 $[a,b]$ 上的最大值和最小值一定存在。其求得步骤如下：

求出 (a,b) 内 $f'(x)$ 的全部零点和不存在点 x_i，并分别计算出 $f(x_i)$；

计算出 $f(x)$ 在 $[a,b]$ 的两个端点上的值 $f(a)$ 和 $f(b)$，比较得到最大值和最小值。相应于取最大值和最小值的点（位置）为函数 $f(x)$ 在 $[a,b]$ 上取最大值和最小值的点，有时简称为最大点、最小点或峰点、谷点。

5.3.3　多变量函数的极值

设函数

$$y=f(X)=f(x_1,x_2,\cdots,x_p)$$

定义于区域 D 中，若 $X_0\in D$ 有一个邻域，对该邻域中所有点，若

$$f(X)<f(X_0)$$

成立，则称函数 $f(X)$ 在 X_0 处有极大值。同理，若

$$f(X) > f(X_0)$$

则称函数 $f(X)$ 在 X_0 处有极小值。多元函数极值存在的必要条件与一元函数类似，若函数 $f(X)$ 在 $X_0 \in D$ 处有极值，则必须

$$\frac{\partial f(X)}{\partial x_i}\Big|_{x=x_0} = 0 \quad (i=1,2,\cdots,p)$$

或不存在，并称点 X_0 为 $f(X)$ 的一个稳定点。

1. 多元函数极值存在的充分条件

设 X_0 为函数 $f(X)$ 的一个稳定点，且 $f(X)$ 在 X_0 的邻域内有定义，连续且有直到二阶的连续偏导数。记 i 阶矩阵为

$$M_i = \left| \frac{\partial^2 f(X)}{\partial x_i \partial x_j} \right| (i, j = 1, 2, \cdots, p)\big|_{x=x_0}$$

若所有行列式 $M_i > 0$（$i=1,2,\cdots,p$），则稳定点 X_0 为极小点；若标号为偶数的行列式 $M_i > 0$，标号为奇数的行列式 $M_i < 0$，则稳定点 X_0 为极大点；若这些条件不成立，则稳定点 X_0 不是极值点。若所有行列式 $M_i = 0$，则必须考察更高阶的偏导数。

5.3.4 二元函数的极值

设函数 $f(x,y)$ 在点 (a,b) 的邻域中有定义，连续且有一阶及二阶连续偏导数。把多元函数的结果移过来，二元函数在某处 (a,b) 存在极值的必要条件是：在该处函数对 x 和 y 的一阶偏导数为 0 或不存在。如果 $f(x,y)$ 对 x 和 y 的二阶偏导

$$\Delta = \frac{\partial^2 f(X)}{\partial x^2} \frac{\partial^2 f(X)}{\partial y^2} - \left(\frac{\partial^2 f(X)}{\partial x \partial y} \right)^2$$

满足 $\Delta > 0$ 的条件下，$\dfrac{\partial^2 f(X)}{\partial x^2} > 0$ 时，点 (a,b) 是一个极小点；$\dfrac{\partial^2 f(X)}{\partial x^2} < 0$ 时，点 (a,b) 是一个极大点。如果 $\Delta < 0$，点 (a,b) 不是一个极值点。如果 $\Delta = 0$，稳定点 (a,b) 为可疑情形，需另作研究。

研究二元函数的一个特例

$$f(x, y) = a_0 + a_1 x + a_2 xy + a_3 y$$

注意到

$$f_x' = a_1 + a_2 y, \ f_y' = a_3 + a_2 x$$

稳定点为

$$x = -a_3 / a_2, \ y = -a_1 / a_2$$

由于

$$f_{xx}'' = 0, \ f_{yy}'' = 0$$

$$\Delta = -(f_{xy}'')^2 = -(a_2)^2 < 0$$

更高阶偏导数等于 0，不满足极值存在的充分条件，这个稳定点不是极值点。最大（小）值点一定不在研究区域的内部。

第 6 章 均值检验

实验模型设计完成后要设计实验系统。实验系统包括两部分：硬件部分是实验装置流程和控制系统；软件部分包括控制参数、输入 X 和操作方法步骤，其中还包括猜测性能 Y 与输入 X 之间关系的预报方程。为了估计这个预报方程中的参数，需要设计实验来获取数据样本。实验产生的结果就是数据样本($X;Y$)。有了试验样本，剩下的问题就是处理数据。

试验统计根据样本来估计预报模型的参数，解预报方程获得优化的参数，即推断出优化的工艺 X_0。X_0 是否真的优化了，需要用实验来检验。一些特例能找到超级因子，产生有明显改进的结果，Y 特别显著，而且优化的结果可以从过程机制上获得解释。例如，在三氧化二氮的优化实验中，往制备系统中加入适量氧气使收率提高了三倍多，大家都不怀疑这个结果，也就无须统计检验。又如，气液法制备亚硝酰三氟乙酸酯，摆脱了三氧化二氮的高昂成本和复杂工艺，只需要检验产物是亚硝酰三氟乙酸酯就可以了。用统计学语言，这些实验的新结果与老结果不在同一系统中，两个样本非齐性。一般来说，各种实验和测试的结果都需要进行统计检验和比较，以确认新技术的优势。这种统计检验过程应该符合统计检验的规则，本章将介绍这些规则。后续的章节将介绍如何设计实验点，以获得良好的参数估计值。

新技术与原有技术进行比较时，原来技术的实验结果的平均值是长期的均值，新技术的结果也应该是多次实验的结果而不是偶然的，更要避免非客观因素的干扰。有时需要对多种新技术方案进行比较，每一种新技术都需要数据样本，进行严格的统计检验。这一类检验属于常用统计学方法范畴，有许多参考资料，本书不一一列举，仅辑录 5 种作为工业试验统计的最基本模型的统计检验方法，更多内容详见统计学专著。市场上不乏优秀的统计软件，大多宏大而全面。我们建立的是面对工业试验的小型的基本的统计模型。

这类统计涉及一些统计常数：

（1）相关系数临界值：$r_\alpha(n-2)$，其中，$n-2$ 称为自由度，n 为试验数，α 为显著性水平。

（2）显著性水平和置信水平：两个向量的相关系数 r 的相关性强弱由相关系数临界值判定，让 $r_\alpha(n-2)$ 从右侧接近 r，此时的 α 值即显著性水平。$1-\alpha$ 被称为置信水平，记作 P。

（3）F 检验临界值：$F_\alpha(n_1, n_2)$。

（4）F 检验显著性水平和置信水平：一个 F 检验计算值对应一个显著性水平 α 和一个置信水平 P，满足 $P=1-\alpha$。通过 F 检验临界值 $F_\alpha(n_1, n_2)$ 从右侧接近 F 检验计算值来判定相关性强弱。

在本系统中，统计临界值由程序进行计算，结果与常用数理统计表一致。

6.1　方差分析

用 F 检验比较多个样本的均值差异是方差分析。

设 k 组样本为 $\boldsymbol{x}_i = (x_{i1}, x_{i2}, \cdots, x_{in_i}), (i=1, 2, \cdots, k)$，则其样本均值为

$$\overline{x}_i = \sum_{j=1}^{n_i} x_{ij} / n_i$$

样本方差（Variance）为

$$S_i = (\sum_{j=1}^{n_j} x_{ij}^2 - n_i \overline{x}_i^2) / (n_i - 1)$$

样本的标准误差（Standard Deviation）为

$$\sqrt{S_i}$$

其总体均值为

$$\overline{x} = \sum_{i=1}^{k} \sum_{j=1}^{n} x_{ij} / kn$$

总方差为

$$S_{\mathrm{T}} = \sum_{i=1}^{k}\sum_{j=1}^{n}(x_{ij}-\overline{x})^2 = \sum_{i=1}^{k}\sum_{j=1}^{n}(x_{ij}-\overline{x}_i+\overline{x}_i-\overline{x})^2$$

可以分解为两部分：

组内

$$S_{\mathrm{in}} = n\sum_{i=1}^{k}(\overline{x}_i-\overline{x})^2$$

组间

$$S_{\mathrm{be}} = \sum_{i=1}^{k}\sum_{j=1}^{n}(x_{ij}-\overline{x}_i)^2$$

如果

$$F = \frac{S_{\mathrm{in}}/(k-1)}{S_{\mathrm{be}}/(nk-k)} < F_{\alpha}(k-1,nk-k)$$

在 $\alpha<0.05$，$P>0.95$ 始终成立时，则认为在 $\alpha=0.05$ 或 $P=0.95$ 的水平上，均值有显著的差异，或者说在统计学意义上有显著差异。

6.2 U 检验

设两组设计的样本标准差分别为 S_1、S_2，样本容量分别为 n_1、n_2，那么二者的标准误差为

$$S_{\overline{x}_1-\overline{x}_2} = \sqrt{S_1^2/n_1+S_2^2/n_2}$$

统计量 u 值的计算公式为

$$u = \frac{\overline{x}_1-\overline{x}_2}{S_{\overline{x}_1-\overline{x}_2}} = \frac{\overline{x}_1-\overline{x}_2}{\sqrt{S_1^2/n_1+S_2^2/n_2}}$$

若 $u<1.96$，$P>0.05$，差异不显著；

若 $u\geqslant1.96$，$P\leqslant0.05$，差异显著；

若 $u\geqslant2.58$，$P\leqslant0.01$，差异非常显著。

6.3　单样本 T 检验

已知均值，检验样本的均值显著性可使用单样本 T 检验。

设响应 y 改进前平均值为 μ_0，改进后检验样本的均值 $\bar{y}$，检验 $\bar{y}$ 的显著性。

单个样本 T 检验的公式为

$$t = \frac{\bar{y} - \mu_0}{S_{\bar{y}}} = \frac{\bar{y} - \mu_0}{S / \sqrt{n}}$$

根据样本获得以下参数：样品均值 $\bar{y}$、标准误差 $S_{\bar{y}}$、t 值和 P 值。判断原则如下：

如果 $P<0.01$，则该样本均值在 $\alpha=0.01$ 的水平上很显著；

如果 $0.05>P>0.01$，则该样本均值在 $\alpha=0.05$ 的水平上显著；

如果 $P>0.05$，则该样本的均值在 $\alpha=0.05$ 的水平上不显著。

无详细的样本数据，只有现有均值、样本容量、样品均值和标准误差这些参数时，单样本 T 检验同样可以进行显著性判断。

6.4　配对 T 检验

配对 T 检验涉及两个维数相同的样本。设配对的两组实验的对应实验值之差为

$$d_i = (x_{1i} - x_{2i}) \qquad i = 1, 2, \cdots, n$$

t 值计算公式为

$$t = \frac{\bar{d}\sqrt{n}}{S_d}$$

其中，S_d 为标准差。判断原则与单样本 T 检验相同。

6.5　两独立样本 T 检验

两独立样本 T 检验的检验假设是两总体均值相等，即 $H_0 : \mu_1 = \mu_2$。

设成组设计的两样本均值分别为 $\bar{x}_1$、$\bar{x}_2$，样本标准差分别为 S_1、S_2，样

本容量分别 n_1、n_2。只对方差齐性样本计算 T 检验值及 P 值。方差齐性的检验方法为计算标准方差的比：

$$p_r = S_1^2 / S_2^2$$

如果

$$F_{0.9}(n_1, n_2) \geqslant p_r \geqslant F_{0.1}(n_1, n_2)$$

成立，便认为方差齐性；否则，认为方差非齐性。在方差齐性的条件下，可以用已知的方差去估计总体的方差，

$$S_p^2 = \frac{(n_1 - 1)S_1^2 + (n_2 - 1)S_2^2}{n_1 + n_2 - 2}$$

标准差为

$$S_{\bar{x}_1 - \bar{x}_2} = \sqrt{S_p^2 \left(\frac{1}{n_1} + \frac{1}{n_2} \right)}$$

t 值为

$$t = \frac{\bar{x}_1 - \bar{x}_2}{S_{\bar{x}_1 - \bar{x}_2}}$$

$\alpha = 0.05$ 时差异不显著，是说在统计规范或统计意义上不显著，并非在一切意义上不显著，处理这类信息应依具体环境决定。$\alpha > 0.3$，$P < 0.7$ 水平上的显著性并不在研究范围内，没有意义，这个结果虽然不是作为最终判断的依据，但可以指导继续研究的方向。继续研究的结果可能提高可信度，证实现象为真，做出新发现的最终判断。如果不能得到足够的证据，予以放弃。为了避免误诊，需要较高的置信水平，一般需要 $\alpha < 0.05$，$P > 0.95$。对于涉及人身安全的新技术的统计检验，通常需要更高的置信水平。

第 7 章　回归分析概要

有了预报数学模型，如何设计实验取得样本来估计参数依赖于预报模型的形式和估计参数的数学方法。这样的方法很多，统计学常常使用回归分析方法处理数据。因此，我们首先介绍回归分析对设计矩阵的要求，然后来研究如何满足这些要求。

7.1　一元回归分析

7.1.1　一元线性回归分析

如果系统只有一个自变量 x，这样的回归分析是一元回归。一元系统也可以有多个因变量，多个因变量需要逐个处理，暂时假定只有一个响应变量 Y，n 次实验的实验样本具有形式

$$\begin{pmatrix} x_1 \ y_1 \\ x_2 \ y_2 \\ \vdots \ \vdots \\ x_n \ y_n \end{pmatrix}$$

假设过程是线性的，回归函数的形式为

$$y_i = a + bx_i + \varepsilon_i \tag{7.1}$$

$\varepsilon = (\varepsilon_1, \cdots, \varepsilon_n)^{\mathrm{T}}$ 为观察的误差向量，假设它服从正态分布。根据最小二乘原理，为了确定 a 和 b 的估计值 $\hat{\beta}_0$ 和 $\hat{\beta}_1$，n 次观察应使

$$Q = \sum_{i=1}^{n} (y_i - \hat{y}_i)^2 \tag{7.2}$$

为最小。根据极值原理，回归值

$$\hat{y}_i = \hat{\beta}_0 + \hat{\beta}_1 x_i$$

应满足

$$\frac{\partial Q}{\partial \hat{\beta}_0} = -2\sum_{i=1}^{n}(y_i - \hat{\beta}_0 - \hat{\beta}_1 x_i) = 0 \tag{7.3}$$

$$\frac{\partial Q}{\partial \hat{\beta}_1} = -2\sum_{i=1}^{n}(y_i - \hat{\beta}_0 - \hat{\beta}_1 x_i)x_i = 0 \tag{7.4}$$

即

$$\sum_{i=1}^{n}(y_i - \hat{\beta}_0 - \hat{\beta}_1 x_i) = 0 \tag{7.5}$$

$$\sum_{i=1}^{n}(y_i - \hat{\beta}_0 - \hat{\beta}_1 x_i)x_i = 0 \tag{7.6}$$

由式（7.5）可得

$$\hat{\beta}_0 = \bar{y} - \hat{\beta}_1 \bar{x} \tag{7.7}$$

$$\bar{x} = \frac{\sum_{i=1}^{n} x_i}{n}, \quad \bar{y} = \frac{\sum_{i=1}^{n} y_i}{n}$$

由式（7.6）可得

$$\hat{\beta}_1 = \frac{\sum_{i=1}^{n} x_i y_i - n\overline{xy}}{\sum_{i=1}^{n} x_i^2 - n\bar{x}^2} \tag{7.8}$$

式（7.8）可直接从样本数据求得估计值 $\hat{\beta}_1$，代入式（7.7）即得到 a 的估计值 $\hat{\beta}_0$。$\hat{\beta}_0$ 是回归直线的截距，即回归常数。$\hat{\beta}_1$ 是回归直线的斜率。如果过程机制决定回归直线应过坐标系原点$(0, 0)$，则称回归直线无截距，则由式（7.7），$\hat{\beta}_0 = 0$，$\hat{\beta}_1 = \bar{y}/\bar{x}$。

向量 $\boldsymbol{x}$，$\boldsymbol{y}$ 的内积为

$$(\boldsymbol{x}, \boldsymbol{y}) = \boldsymbol{x}^{\mathrm{T}} \boldsymbol{y} = \sum_{i=1}^{n} x_i y_i$$

x，y 的差乘和为

$$\sum_{i=1}^{n}(x_i - \overline{x})(y_i - \overline{y}) = \sum_{i=1}^{n}(x_i y_i - x_i \overline{y} - \overline{x} y_i + \overline{xy})$$

$$= \sum_{i=1}^{n} x_i y_i - n\overline{xy} = (x, y) - n\overline{xy}$$

记 $cf(x, y) = n\overline{xy}$，称为两个向量 x，y 差乘和的校正量，不致误会时简记为 cf。差乘和记作

$$spd_{xy} = (x, y) - cf(x, y) \qquad （7.9）$$

不致误会时，忽略下标，简记作 spd。则

$$\hat{\beta}_1 = \frac{spd_{xy}}{spd_{xx}} \qquad （7.10）$$

如果回归直线无截距，则

$$\hat{\beta}_1 = \frac{(x, y)}{(x, x)} \qquad （7.11）$$

y 与 x 之间的线性关系是否成立，由 y 与 x 之间的相关系数 r 由

$$r = \frac{spd_{xy}}{\sqrt{spd_{xx} spd_{yy}}} \qquad （7.12）$$

来估计计算，其定义见 7.2.1 节式（7.34）。$|r|$ 越接近于 1，y 与 x 之间的线性关系越好；$|r|$ 离 1 越远，其线性关系越差；当 $r=0$，线性关系不成立，或说没有关系。用 r 来衡量 y 与 x 之间是否有线性关系，r 需要达到一个起码值，相关系数临界值记作 $r_\alpha(n-2)$，其中 $n-2$ 为自由度，α 为显著性水平。如果

$$r < r_\alpha(n-2) \qquad （7.13）$$

就说 y 与 x 之间以显著性水平 α 相关，否则称以显著性水平 α 不相关。置信水平 $P = 1 - \alpha$。P 值太小，在统计学上没有意义；当 P 接近但不等于 1，

可认为 y 与 x 之间是高相关的；当 P 接近但不等于 0，称二者之间弱相关。

对式（7.13），调整 α 或 P 使 $r_\alpha(n-2)$ 从右侧接近 r。用 α 或 P 判断 y 与 x 之间的线性相关性具有同等效力。自由度不同的相关性也可以进行比较。在统计学上有两个标准。

0.05 标准，即 $\alpha<0.05$，$P>0.95$，称在统计学意义上以 0.95 的置信水平认为 y 与 x 之间的线性关系成立；

0.01 标准，即 $\alpha<0.01$，$P>0.99$，在统计学意义上以 0.99 的置信水平认为 y 与 x 之间的线性关系成立。

相关性强弱允许值限，依具体项目要求而定。当目的是认定事物之间的相关性时，为防止误判断，把 α 取得小一些，即 P 值取得大一些；当目的是认定事物之间的无关性时，标准放得宽些，防止"证据不足"。当把安全性放在第一位，把警戒指数降低，报警频率提高；要想降低报警频率，就把警戒指数提高，到有更大把握时才发出警报。当观察误差比较大时，有时把 α 定得比较大。当 $\alpha>0.3$，$P<0.7$，相关性较弱，点的分布散乱，通常认为不足以证明其相关。所以，统计学以 0.05 为界，若 $\alpha<0.05$，$P>0.95$，意味着在统计学意义上显著；若 $\alpha<0.01$，$P>0.99$，意味着在统计学意义上非常显著。在某些情况下，可能还会把 P 值设定得更高。在科学实验中，$P=0.6$ 未必就是不相关的，观察到一个现象具有 0.6 的发生概率，继续研究或许就会继续提高其可信度，发现其为必然结果。这就是科学研究中偶然性与必然性的关系。所以，做实验时不能放过任何偶然现象，不能放过发生概率不大的事件和现象，这些常常导致新的发现或者改进工艺的新方法和新机遇。

平面上矩形区域中的一组点的纵、横坐标分别组成两个向量。这两个向量的相关系数 r 或显著性水平 α 反映这一组点的分布状况。点分布均衡分散，则相关系数趋向于 0，显著性水平 α 趋向于 1，置信水平 P 趋向于 0。相反，相关系数的绝对值趋向于 1，显著性水平 α 趋向于 0，置信水平 P 趋向于 1，点分布成一直线。图 7.1（a）中的点分布均衡分散，图 7.1（b）中点成一直线，不均衡。

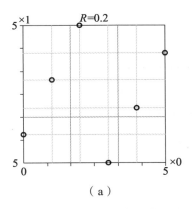
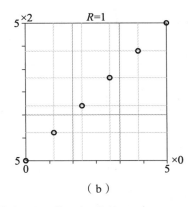

（ a ）　　　　　　　　　　　　　（ b ）

图 7.1　6 个观察点的不同分布与相关系数之间的关系

n 个观察值对其平均值的偏差平方和可以分解为

$$S_{\text{total}} = \sum_{i=1}^{n}(y_i - \overline{y})^2 = \sum_{i=1}^{n}[(y_i - \hat{y}) + (\hat{y} - \overline{y})]^2$$

$$= \sum_{i=1}^{n}[(y_i - \hat{y})^2 + (\hat{y} - \overline{y})^2] = S_{\text{res}} + S_{\text{reg}} \qquad (7.14)$$

其中，

$$S_{\text{reg}} = \sum_{i=1}^{n}(\hat{y} - \overline{y})^2$$

称为回归平方和，即自变量的变化引起因变量的变化。

$$S_{\text{leave}} = \sum_{i=1}^{n}(y_i - \hat{y})^2$$

称为剩余平方和，由实验误差所引起。

根据回归分析理论[40]，回归系数 $\hat{\beta}$ 的波动不仅与误差的方差 σ^2 有关，而且还与观察点的分布范围大小有关。x_i 分布越宽，则 $\hat{\beta}$ 的波动越小，即对 $\hat{\beta}$ 的估计越精确。因此，基于局部的回归结果，除了机理模型外不能无条件向外延拓。$\hat{\beta}$ 的波动还与实验样本的大小有关，n 越大，估计越精确。

案例分析：精滤实验

有一个滤斗具有孔径为 φ 的滤网。滤液具有黏度 η，在滤液面上加一应力 f，压差为 Δp，响应变量为流速 Q。当 φ，η 固定时，Q 依赖于 Δp，Δp

与 f 成正比。实验样本如表 7.1。

表 7.1　精滤实验样本

Δp	0.025	0.05	0.075	0.1	0.15	0.2
Q	1.25	2.76	4.29	4.29	5.63	11.6

由已知信息，可建立数学模型（忽略滤液的自重）

$$Q = a + b\Delta p + e \tag{7.15}$$

容易算得

$$Q = -0.218\,2 + 51.882\,3\Delta p \tag{7.16}$$

可以得出，$r = 0.945\,1$，拟合标准差 $S = 1.307\,6$，置信水平 $P = 0.995\,56$，从纯粹统计学观点看，线性关系比较好。线性函数可以用来预报 $Q\text{-}f$ 之间的关系。理论上，当 $f = 0$ 时，应有 $\Delta p = 0$，$Q = 0$，即 Q 应该过原点，但计算结果 Q 非零。原因在于滤液有自重。$F = 0$ 时，$\Delta p \neq 0$，$Q \neq 0$，Q 关于 f 是有截距的。滤液形成的压强是滤液的密度与高度的乘积。更准确地说，料筒剩余物料体积随时间在变化。Δp 与滤液 Q 之间的关系是非线性关系。这类问题做更精确的研究时，不能采用线性模型。

7.1.2　一元非线性回归分析

如果相关系数不大于相应的相关系数临界值，p 值太小，那么线性假设不能成立。过程不是线性的，存在两种可能性：没有相关关系；存在非线性关系。首先考虑非线性关系，应把拟合模型改为非线性模型。例如，精滤试验，要做精细的研究，就应该按非线性过程来研究。非线性模型需要经过变换变成线性模型后，才能用回归分析方法估计参数。这样的转换需要引入新的变量，把一元过程变成多元过程。

模型变换过程中引入的新变量，并不以真实变量的身份出现在实验中，是虚拟的变量，在回归分析时统称为回归变量。函数变换例子有 $y = 1/x$，$y = x^2$，$y = e^x$，$y = \ln x$ 等，这样可以构造出广泛的回归函数类型。实践中，大量实际问题是非线性的。用回归分析方法解决非线性问题，其实就是在多项式类函数中找出拟合偏差最小的函数。所谓多项式是广义的，包括多项式和利用变量替换的方法能够化为多项式的函数。因此，有时需要经过精心设计。可能要分几步，做几层代换才能最终使每项只含有一个简单变量。设计计算程序时，通常会提供一些方法，给拟合线性化工作以方便。可直接线性化的函数之多是很难被罗列穷尽的。有些模型要靠分析人员自己设计。

有些回归方程的因变量可以包含在函数 $f(y)$ 中，变换时该因变量也应作替换。计算完成后，必须作相应反变换才能得到习惯的便于阅读的形式。

对于变量替换，有一个问题需要引起注意。设计的试验点分布本来是均匀的，但某些变换把这个本来是均匀的设计映射到新变量后，分布可能会不再均匀，甚至会变得很不均匀。相反，一个本来不均匀的设计，映射后分布可能就均匀了。

对于一个具体课题，研究其实验样本时，拟合的最好的那个函数不一定就是最好的。对一个有限规模样本，总可以找出一个函数，使拟合偏差平方和足够小，但不一定有意义。

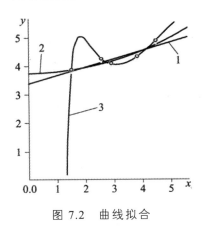

图 7.2　曲线拟合

例如，图 7.2 中 5 个点表示某实验样本的 5 个实验数据，分别有三种拟合方式。1 为直线，2 为二次曲线，3 为幂级数曲线。看上去，虽然曲线 3 通过了所有数据点，但我们有什么理由说它代表了 x 和 y 之间的真实关系而不是别的曲线呢？模型好与不好，拟合偏差最小不是唯一的标准。甚至不是主要的标准。主要标准应该是能够正确地解释实验现象、反映过程机制以及预报准确的程度。通过实验数据拟合得到了一个好的模型后，它应该能预报研究方向和优化结果。在拟合的模型预报的"好"点上做一个实验，实验结果能与预报结果吻合，这个模型才可能是个好模型。通过反复多次实验，实验结果都能经得起均值检验并与预报结果吻合，该模型才真是个好模型。预报与实验结果不相吻合是常有的事，说明模型可能不完全适合。通过反复实验证明其不合适的模型应该放弃或加以修改。通常在曲线的特征点附近安排检验实验点，即可检查出回归方程的优劣。

1. **氧化诱导期研究**[23，24]

某些聚烯烃在有氧存在的环境下受热时，在一段时间内呈稳定状态。经过一段时间 τ 后，材料的分子结构迅速崩溃，性能变坏，失去使用价值。实验的温度越高，τ 越小。材料研究中把 τ 称作该材料在相应实验温度 T 下的氧化诱导期。经研究，τ 与 T 之间的关系服从寿命方程：

$$\ln \tau = A + B/T \tag{7.17}$$

这个过程的模型很经典。选取不少于 3 个实验温度，在热分析仪上进行实验，得到一组观察值 (T_i, τ_i)。经回归分析计算即可估算出参数 A 和 B，从而确定寿命方程。利用这个方程，可以预报任何温度 T 下的氧化寿命。式（7.17）也可以反过来计算使用寿命为 τ_u 所允许的使用温度 T_u。任何材料都是有寿命的，氧化、热、光和化学介质都会使材料降解，由量变到质变，最终瓦解而失去使用价值。降解规律不完全一样。但关系特性的最终表达式就是式（7.17），不同降解过程具有相同的数学模型。

2. **结晶速度研究**

结晶物质，特别是半结晶高聚物的结晶，在高分子材料研究中是一个重要课题，对新材料的开发与改进或工程选材都有重要意义。PET、PA6 和PE 等是最常用的半结晶高聚物。结晶速度受材料本身分子的结构、外界温度、应力及成核剂等许多因素的影响，过程甚为复杂。Avrami-Erofeev 方程可以计算恒温过程的速率

$$\ln(1-c) = -zt^n \tag{7.18}$$

式中，c 为未结晶分数，z 为结晶速率常数，n 为 Avrami 系数，由成核及生

长方式决定。$q=1-c$ 为结晶分数。如果已知级数 n，则令

$$y = \ln q, \quad x = t^n$$

把式（7.18）线性化为

$$y = -zx \tag{7.19}$$

这是一个单参数方程。截距 $a=0$，即直线过坐标原点，另一点可由 $(\bar{x}, \bar{y})$ 决定。对结晶速度研究，n 是一个待定参数。此时，必须对式（7.18）两边再取一次对数成为二参数方程：

$$\ln(\ln q) = \ln(-z) + n \ln t$$

用差示扫描量热仪（DSC）对样品进行恒温法或等速降温的非恒温法测试，得到 DSC 曲线，用回归分析方法处理数据即可求得 n 和 z。

7.2　多元回归分析

7.2.1　多元线性回归分析

假定一个过程有 p 个自变量，一个因变量 y，n 次试验的样本具有典型的形式（5.3），常常简写成

$$\{x_{i1}, x_{i2}, \cdots, x_{ip}, y_i\}, \quad i=1,2,\cdots,n \tag{7.20}$$

如果过程是线性的，可用

$$y = b_0 + \sum_{i=1}^{p} b_i x_i + \varepsilon \tag{7.21}$$

做数学模型，其中，ε 为误差向量。用最小二乘法估计 $b_j (j=0,1,\cdots,p)$ 可以得到

$$\hat{y} = \hat{\beta}_0 + \sum_{i=1}^{p} \hat{\beta}_i x_i \tag{7.22}$$

其中，$\hat{\beta}_i \ (i=0,1,2,\cdots,p)$ 为回归系数。要使

$$Q = \sum_{i=1}^{p} (y_i - \hat{y}_i)^2 \tag{7.23}$$

最小，根据极值原理，应有

$$\frac{\partial Q}{\partial \hat{\beta}_0} = -2\sum_{i=1}^{n}(y_i - \hat{y}_i) = 0 \tag{7.24}$$

$$\frac{\partial Q}{\partial \hat{\beta}_j} = -2\sum_{i=1}^{n}(y_i - \hat{y}_i)x_{ij} = 0 , \quad (j=1,2,\cdots,p) \tag{7.25}$$

即

$$\sum_{i=1}^{n}(y_i - \hat{y}_i) = 0 \tag{7.26}$$

$$\sum_{i=1}^{n}(y_i - \hat{y}_i)x_{ij} = 0 , \quad (j=1,2,\cdots,p) \tag{7.27}$$

给式（7.20）增加一个常数为 1 的列向量，则

$$X = \begin{pmatrix} 1 & x_{11} & x_{12} & \cdots & x_{1p} \\ 1 & x_{21} & x_{22} & \cdots & x_{2p} \\ \vdots & \vdots & \vdots & & \vdots \\ 1 & x_{n1} & x_{n2} & \cdots & x_{np} \end{pmatrix}$$

记

$$A = X^{\mathrm{T}}X \tag{7.28}$$

$$B = X^{\mathrm{T}}Y = \begin{pmatrix} \sum_{i=1}^{n} y_i \\ \sum_{i=1}^{n} x_i y_i \\ \vdots \\ \sum_{i=1}^{n} x_{ip} y_i \end{pmatrix} = \begin{pmatrix} B_0 \\ B_1 \\ \vdots \\ B_p \end{pmatrix}$$

则正规方程组用矩阵形式可以写成

$$A\hat{\beta} = B \tag{7.29}$$

有以下经典结论：

结论 1：当 $\det A \neq 0$ 时，式（7.29）有唯一解：

$$\hat{\beta} = A^{-1}B = CB \tag{7.30}$$

式中，$C = A^{-1}$，为 A 的逆矩阵。

$$A^{-1} = \begin{pmatrix} c_{00} & c_{01} & c_{02} & \cdots & c_{0p} \\ c_{10} & c_{12} & x_{12} & \cdots & c_{1p} \\ \vdots & \vdots & \vdots & & \vdots \\ c_{p0} & c_{p1} & x_{p2} & \cdots & c_{pp} \end{pmatrix}$$

展开式（7.30），即

$$\hat{\beta}_i = c_{i0}B_0 + c_{i1}B_1 + \ldots + c_{ip}B_p, \quad i = 0,1,2,\cdots,p$$

如果行列式 $\det A = 0$，矩阵不满秩，其解不唯一。

若有另一个因变量 y_1，前面的讨论全部有效。采样矩阵 A 的构造与 y_1 无关，B 将增加一列。求解步骤相同，增加了 y_1，对 y_0 没有影响。即使有更多的因变量，也是同样的过程。有 q 个因变量时，B 为 $p \times q$ 维矩阵，把 y 改成矩阵 Y。通过一次求解过程，可以同时把全部因变量的回归系数估计值计算出来。

结论 2：$\hat{\boldsymbol{\beta}}$ 的估计协方差矩阵为

$$\mathrm{Var}(\hat{\beta}) = C\sigma^2 \tag{7.31}$$

式中，σ^2 由 $\sum_{k=1}^{m}(x_{ki} - \bar{x}_i)^2 / (m - p - 1)$ 估计。

这表明，回归系数估计值 $\hat{\beta}_i(i=1,2,\cdots,p)$ 之间的相关矩阵是因变量的方差 σ^2 与系数矩阵的逆矩阵 C 的乘积。通俗地解释，$\hat{\beta}_i$ 和 $\hat{\beta}_j$ 之间的相关系数的值是 $c_{ij}\sigma^2$，当且仅当 $c_{ij} = 0(i \neq j)$ 时，$\hat{\beta}_i$ 和 $\hat{\beta}_j$ 之间的相关系数为 0，二者不相关。如果 $c_{ij} \neq 0(i \neq j)$，回归系数估计值 $\hat{\beta}_i$ 和 $\hat{\beta}_j$ 之间便存在相关性。回归系数估计值之间有相关性，意味着 $\hat{\beta}_i$ 和 $\hat{\beta}_j$ 的估计不准确，一个变量的贡献可能被另一个侵占，二者的效应混淆，预报方程的预报就不会准确，用这个预报方程指导工艺会选择错误的优化因子。真正显著的因子可能没有被选取，不显著的因子可能被选取，导致参数优化失败。参见 7.2.3 节的案例。

推论 7.1：回归系数估计值 $\hat{\beta}$ 之间没有相关性的充要条件为 C 是对角矩阵。

两个向量 $\boldsymbol{x}_i$ 与 $\boldsymbol{x}_j$ 之间的相关系数定义为

$$\operatorname{corr}(\boldsymbol{x}_i, \boldsymbol{x}_j) = \frac{\operatorname{cov}(\boldsymbol{x}_i, \boldsymbol{x}_j)}{\sigma_i \sigma_j}, \quad (i \neq j; \ i, j = 1, 2, \cdots, p) \tag{7.32}$$

回顾式（7.9），$\boldsymbol{x}_i$ 与 $\boldsymbol{x}_j$ 的差乘和 spd_{ij} 可以写成，

$$spd_{ij} = \sum_{k=1}^{n}(x_{ki} - \overline{x}_i)(x_{kj} - \overline{x}_j) = \boldsymbol{x}_i^{\mathrm{T}}\boldsymbol{x}_j - cf \tag{7.33}$$

$\boldsymbol{x}_i$ 与 $\boldsymbol{x}_j$ 的协方差 $\operatorname{cov}(\boldsymbol{x}_i, \boldsymbol{x}_j)$ 由

$$\sum_{k=1}^{n}(x_{ki} - \overline{x}_i)(x_{kj} - \overline{x}_j)/(n-1) = spd_{ij}/(n-1)$$

来估计，σ_i^2 由

$$\sum_{k=1}^{n}(x_{ki} - \overline{x}_i)^2 /(n-1) = spd_{ii}/(n-1)$$

来估计。两个向量 $\boldsymbol{x}_i$ 与 $\boldsymbol{x}_j$ 的相关系数 corr 可以由式（7.34）来计算，

$$\operatorname{corr}(\boldsymbol{x}_i, \boldsymbol{x}_j) = \frac{spd_{ij}}{\sqrt{spd_{ii}spd_{jj}}} \tag{7.34}$$

式（7.32）与式（7.34）的计算值相同，但式（7.34）不能作为相关系数的定义式，因为它与自由度不相关联。请注意，$spd(\boldsymbol{x}_i, \boldsymbol{x}_j)$ 总是有意义的，哪怕对两个常数向量也有意义。但相关系数不是总有意义的，同一个相关系数值对不同样本有不同的相关性解释。实际上回归分析最先建立的是包括全部回归变量和全部响应变量的所谓正规矩阵，其内容是矩阵 (spd_{ij})，其元素为 $spd_{ij}(\forall ij)$。

如果变量的中值在坐标原点，$cf=0$，则相关系数具有更简单的形式：

$$\operatorname{corr}(\boldsymbol{x}_i, \boldsymbol{x}_j) = \frac{\boldsymbol{x}_i^{\mathrm{T}}\boldsymbol{x}_j}{\sqrt{\boldsymbol{x}_i^{\mathrm{T}}\boldsymbol{x}_i}\sqrt{\boldsymbol{x}_j^{\mathrm{T}}\boldsymbol{x}_j}} \tag{7.35}$$

回归系数估计值 $\hat{\beta}$ 之间的协方差矩阵为对角矩阵，与设计 $\boldsymbol{X}$ 的相关矩阵为单位矩阵 $\boldsymbol{I}$ 是等价的。

推论 7.2：回归系数估计值 $\hat{\beta}$ 之间没有相关性的充要条件是 $\boldsymbol{X}$ 的相关

矩阵为单位矩阵 I。

如何才能使 X 的相关矩阵为单位矩阵 I 是试验设计的任务，我们将在后面几章进行讨论。

7.2.2　求解计算过程

1．样本标准化

变换

$$x \longleftarrow \frac{x - \bar{x}}{\sigma_x} \tag{7.36}$$

使变量标准化，均值为 0，方差为 1。在这一条件下，相关系数变为

$$\mathrm{corr}(\boldsymbol{x}_i, \boldsymbol{x}_j) = (\boldsymbol{x}_i, \boldsymbol{x}_j), (i, j = 1, 2, \cdots, p) \tag{7.37}$$

在这一条件下，spd 矩阵实际上变成了内积矩阵。正规矩阵 A 的元素是内积$(\boldsymbol{x}_i, \boldsymbol{x}_j)$（$= \boldsymbol{x}_i^{\mathrm{T}} \boldsymbol{x}_j$）。这一措施使计算速度加快，计算精度提高。

推论 7.3：如果 X 是不包含常数向量的正交矩阵，X 的相关矩阵为单位矩阵 I。

X 不能包含常数向量是因为包含常数向量的矩阵的相关矩阵没有定义。根据定义，零相关矩阵的相关矩阵是单位矩阵 I。A 的第一列为 1，正规矩阵的 $spd_{00}=N$，其中，N 为回归变量的数目。

推论 7.4：如果 X 为零相关矩阵，X 的相关矩阵为单位矩阵 I。

这是零相关矩阵的定义，无须多作解释。

2．构造内积矩阵

系统有 p 个自变量和 q 个因变量，前面 p 个为自变量，后面 q 个为因变量。当然，自变量与因变量也可以交叉着放。在收集数据时，可以不指定变量是自变量还是因变量。分析时，再根据分析的模型和逻辑来指定自变量和因变量。自变量与因变量也不是一成不变的，甚至可以交换自变量和因变量的位置，因此所有变量都可以先用 x 表示。样本的相关矩阵 R 为

$$\begin{pmatrix} \boldsymbol{A}_{11} & \boldsymbol{B} \\ \boldsymbol{B}^{\mathrm{T}} & \boldsymbol{A}_{22} \end{pmatrix}$$

其中，A_{11} 为自变量之间的相关矩阵（p 阶），A_{22} 为因变量之间的相关矩阵（q 阶），B^T 为 B 的转置阵，即因变量与自变量之间的相关矩阵。R 具有分块结构。

R 可以递推地计算，原则上不限制样本的规模。只要 R 非奇异，扫描总能进行到底，其结果与扫描顺序无关。经过对各个自变量扫描之后，R 变为

$$\begin{pmatrix} A_{11}^{-1} & \hat{\beta} \\ \hat{\beta}^T & A'_{22} \end{pmatrix}$$

这里的 $\hat{\beta}$ 是 q 个因变量的回归方程的 p 个标准化变量的回归系数估计。式（7.20）对应的数据回归方程具有形式

$$\frac{\hat{y}_k - \bar{y}_k}{\sigma_{k+p}} = \sum_{i=1}^{p} \hat{\beta}_{ki}^* \frac{x_i - \bar{x}_i}{\sigma_i}, \quad (k=1,2,\cdots,q) \tag{7.38}$$

整理得到回归系数为

$$\hat{y}_k = \bar{y}_k - \sum_{i=1}^{p} \frac{\sigma_{k+p}}{\sigma_i} \hat{\beta}_{ki}^* \bar{x}_i + \sum_{i=1}^{p} \frac{\sigma_{k+p}}{\sigma_i} \hat{\beta}_{ki}^* x_i, \quad (k=1,2,\cdots,q) \tag{7.39}$$

$$\hat{\beta}_{kj} = \frac{\sigma_{k+p}}{\sigma_i} \hat{\beta}_{ki}^*, \quad (j=1,2,3,\cdots,p) \tag{7.40}$$

$$\hat{\beta}_{k0} = \bar{y}_k - \sum_{i=1}^{p} \hat{\beta}_{ki} \bar{x}_i \tag{7.41}$$

3. 全主元消去法

求解求逆过程是一个消元过程。不同的消元顺序有不同的精度。大多多元线性回归矩阵采用全主元消去法，即每次扫描都找矩阵的对角线上最大的元素来进行扫描。

如果两个因子相关，在扫描前一个时，它会独占原本属于二者共有的平方和，后一个在矩阵对角线上的元素就会变成 0。一个设计中存在相关因子时，这个矩阵必不满秩。如果两个（或一组）因子高度相关，矩阵会蜕化。遇到矩阵蜕化时，扫描就无法继续进行，甚至挂机。为了避免因为矩阵蜕化和计算溢出，需要规定矩阵蜕化允许值限[41]。这种措施可以防止

扫描因矩阵蜕化发生计算溢出，两个高度相关的因子不会被同时录取进入回归方程。有了矩阵蜕化允许值限后，运用全主元消去法发现矩阵蜕化时，方差的分配事实上已经完毕，结束扫描过程就能得到一个回归方程。而且，它对样本的拟合可能很完美。但是，绝不能认为这个方程很完美，因为在逻辑上，谁是这部分方差的真正的所有者这个问题还没有解决。

7.2.3　假函数与假预言

假设有一个线性过程由下式表示

$$y = 71.8 + 5.12x_0 - 0.73x_1 + 9.62x_2 - 0.008\,3x_3 \tag{7.42}$$

用式（7.42）产生一系列采样点及无误差的模拟实验数据，如表 7.2 所示。

表 7.2　设计及模拟数据

序号	x_0	x_1	x_2	x_3	y
1	3	−1	0	−2	87.906 6
2	2	1	3	−1	110.178 3
3	1	3	−1	0	65.11
4	0	−2	2	1	92.491 7
5	−1	0	−2	2	47.423 4
6	−1	0	−2	2	47.423 4

很容易看出，表中因子 x_0 和 x_3 相关，相关系数为 −1。在坐标平面上的点阵为一条直线，与图 7.1（a）的曲线类似。鉴别两个向量相关，有一个简便的方法，如果两个向量的对应元素之和相等，则它们的相关系数为 −1。如果两个向量的对应元素相同，则它们的相关系数为 +1。

表 7.3　样本差乘和矩阵及回归系数估计值

17.5	− 3.5	3.5	− 17.5	125.970 2
	17.5	−3.5	3.5	− 64.394 1
		17.5	−3.5	188.854
			17.5	− 125.97
7.198 3	**− 3.679 7**	**10.791 7**	**− 7.198 3**	**2 509.797**

因为设计不满秩，不能按平常的办法做回归分析。表 7.3 的上四行是差乘和矩阵，最下边一行的左边四个数为效应估计值。四个效应估计值与真值相差很大。x_0 和 x_3 的效应估计值绝对值相等，符号相反。运用全主元消去法，发现矩阵蜕化时结束扫描，整理结果可以得到一个回归方程。交换相关的两个变量的位置，重复上述过程，又可以得到一个方程。这两个方程分别为

$$y = 71.8 + 5.12x_0 - 0.73x_1 + 9.62x_2 \qquad （7.43）$$

$$y = 76.92 - 0.73x_1 + 9.62x_2 - 5.12x_3 \qquad （7.44）$$

式（7.43）中没有 x_3，式（7.44）中没有 x_0，对试验数据的拟合都没有偏差。但把这两个方程用于其他地方时，偏差则大得不能接受。在几何上，方程（7.42）、方程（7.43）和方程（7.44）分别代表三个"平面"，这三个"平面"有一条共同的交线。试验点分布在这条"直线"上，不包含"线"外的信息，由此引出的结果不能代表其他地方的特征。这一事实说明：在高相关设计中不能仅根据对样本的拟合好坏来决定接受或拒绝一个回归方程。一个设计到底允许多大的相关性，目前没有标准。完全相关肯定是不允许的，也要尽量避免出现两个变量高度相关的情况。没有意义的拟合函数不能指导工艺，其预报和推断无效，对于高度相关的两个因子的推断应当格外谨慎。

两个变量 x 和 y 相关，即有两个常数 a、b（a、b 不同时为 0）使 $y=a+bx$ 成立。对于表 7.2，因为变量之间有相关关系：$x_0=1-x_3$，对应的回归系数就有相应的相关关系。反映在式（7.44）中，从式（7.43）中，将 $x_0=1-x_3$ 代入，化简就得到式（7.44）。或者反过来，从式（7.44）中，将 $x_3=1-x_0$ 代入，化简就得到式（7.43）。在式（7.43）中，$\hat{\beta}_0 + \hat{\beta}_3 = 5.12$，式（7.44）中也恰有 $\hat{\beta}_0 + \hat{\beta}_3 = 5.12$。其中，一个变量的效应可以与另一个进行交换，实现数量上的平衡。在物理过程中，这种交换有时可以实现，但不一定都合情合理。不排除有时会"言中"，但常常会引出非常荒唐的推断，做出假预言。同一次实验的自变量 x_0，可以通过选择性的拟合说明它贡献很大；也可以通过选择性的拟合说它没有贡献。利用这一原理可以凭主观偏好选取或舍弃同一因子，从而失去客观公正性。假如用一个相关的设计表去对实验对

象取样，得到的结果可能就是这样，怎么解释实验结果都行。所以，取样应该是随机的。在计算技术还不发达时，随机样本难以做逐步回归计算，所以要构造正交设计。

7.2.4　变量相关性及其避险措施

如果试验设计矩阵含有相关性，变量 x_i 和 x_j 之间存在相关性，那么实验后 x_i 和 x_j 的回归系数就会有相关性。比如 x_i 和 x_j 有 $x_i=\alpha+\beta x_j$ 的关系，那么对应的回归系数就会有相应的相关性。每个变量的回归系数都不能准确确定，会有怎样的后果呢？假如两个因子本来都是显著的，这两个变量的系数（即效应）就会产生误差。误差的大小与相关性关联，即两个变量的效应发生了混杂叠加，造成认识上的混乱。如果相关性不是很强，这种混乱可以用向后逐步回归方法消除。

根据前面的分析，这个求解过程是非常复杂的，靠手工难以处理数据，更难准确无误地处理数据。这种烦琐而复杂的计算处理由计算机程序运行是最好的，因此需要相应的软件程序。

如果两个变量完全相关或高度相关，则称这样的设计是不满秩的。这时回归计算过程可能会发生计算溢出，不能完成计算。如果两个变量高度相关，计算也可能不溢出。如果这两个变量恰好都是不显著的，怎么处理都不会出大问题。但问题是我们不知道它们是否都不显著，这就可能会做出错误判断。假设两个变量中有一个是显著的，另一个不显著，发生错误的概率是二分之一。这样的错误会给生产带来损失，甚至造成事故。不过问题只会发生在相关的两个变量之间，并不涉及其他不相关的变量。

如果一个变量同所有变量都有相关性，那么它的回归系数就混杂了其他变量的效应。可想而知，如果整个设计的很多变量之间都有相关性，效应混杂的情况会多么复杂。这就是试验设计问题的复杂性，也是常常出现错误推断，实验没有成效的主要原因。归纳起来，解决这类问题的办法有两种，选择试验点使变量之间没有相关性或采用向后逐步回归方法估计回归参数。

7.2.5 工艺稳定性与容错性能

用式（7.43）或式（7.44）推断出的工艺条件，想象起来是很不错的。因为它完全拟合了实验数据。但是，这个条件是这样的不稳定，只要配方与工艺参数偏离采样直线，产品性能 y 便会与预报值 $\hat{y}$ 出现很大的偏差。只要把这个工艺条件的偏差代入方程（7.42）、方程（7.43）和方程（7.44），立刻就知道这个偏差有多大。这就是工艺条件的稳定和容错性问题。

研究工艺条件的优化，不能只看优化的程度，更要看它的容错性能。容错性能不好的工艺条件不是好条件。由此可知，存在高相关变量的设计，计算出来的工艺条件容错性能一定不好。相关的变量越多，稳定性与容错性能就越差。关于容差设计的问题，田口玄一开发了一整套优化方法，详见其质量工程学的文献。

稳定性与容错性能差的另一种情况是输入的小偏差造成输出的大偏差。寿命方程是一个典型的例子。高分子材料的寿命对自变量的误差极为敏感。由式（7.17）可知，温度 T 有微小的偏差时，预报函数会指数级放大这个偏差所造成的寿命误差。详见第 17 章"合成材料耐热性能的快速评估方法的实验模型"。

7.2.6 模型适应性检验

完成了扫描过程，得到了回归方程，方程是否可接受？以一个因变量为例，统计检验方法如下。

总的偏差平方和可以分解为

$$S_{\text{total}} = \sum_{i=1}^{n}(y_i - \overline{y})^2 = \sum_{i=1}^{n}[(y_i - \hat{y}) + (\hat{y} - \overline{y})]^2$$

$$= \sum_{i=1}^{n}[(y_i - \hat{y})^2 + (\hat{y} - \overline{y})^2] = S_{\text{res}} + S_{\text{reg}} \qquad （7.45）$$

$$f_{\text{res}} = n - p - 1$$

$$f_{\text{reg}} = p$$

S_{reg} 描述了回归方程的拟合偏差，S_{res} 描写了其他误差。由

$$F = F(f_{reg}, f_{res}) = \frac{S_{reg} / f_{reg}}{S_{res} / f_{res}} \qquad (7.46)$$

与一个指定的临界值 $F_\alpha(f_{reg}, f_{res})$ 比较。如果 $F > F_\alpha(f_{reg}, f_{res})$，则接受该模型。否则，不能认为过程是线性的，拒绝该模型。

由式（7.46）做回归方程显著性检验，至少需要一个剩余自由度，必须 $n \geq p+2$，即实验运行数目至少应该比回归因子数多两个。误差自由度越多，误差的估计越准确，参数的估计越准确。只要条件允许，就要多做几个实验，以获得更多的误差自由度。

7.3　预　报

将一个工艺条件代入回归方程，可以计算得到一个计算值，这个值称为预报值。理论上，接受了一个回归方程，就可以用该方程来对所研究的过程进行预报和控制。

预报有两层含义：一种是检查方程对实验样本的拟合状况，属于回顾。一个回归方程对赖以建立的数据样本的拟合应该良好。拟合好坏有多种指标：

（1）绝对偏差：每一个实验点的实验值与计数值之间的偏差。

（2）相对偏差：绝对偏差与实验值之比。

（3）标准差：全部实验点上的绝对偏差的平方和除以自由度再开平方。

如果上述三项指标都足够小，回归方程对实验样本的拟合比较好。

另一种预报是计算实验样本之外的实验点的计算值，属于展望。在实验点上拟合得好，在别的点上不一定好。这个值没有参照值。只有用实验检验，计算值与实验值之差应当足够小。小到什么程度才算好？统计学上有 3σ 评价方法。实验者也应当有自己的标准，决定接受或拒绝。评价标准的选择可参照第 6 章均值检验的方差分析一节。

前面已经指出，包含高相关变量的设计的回归方程不能由拟合样本的好坏来评价。不排除可以用之来预报和推断。因为不能排除相关的两个变量中可能恰好删除的那个正是不显著的。必须对推断的工艺条件反复做实验验证。

接受了一个回归方程，意思是说，该方程对样本的拟合达到了统计学的要求。满不满意？是不是最好？进一步地，拟合偏差需要有一个合理的分布，过宽应该考虑修正，寻找更合理的模型。

预报偏差太大，对控制没有指导意义。而如果一个方程没有预测的能力，就不能指导实践，就没有使用价值。

7.4 多元非线性过程

如果过程不是线性的，但用了线性模型去处理数据，得到的结果价值很有限。非线性过程的研究，关键在模型的建立。回归模型是否恰当是个根本问题。世界千变万化，实在太复杂了，不可能用一个软件就能只根据样本智能地报告出一个好的预报方程来。通常是广泛的猜想，以"拟合偏差"为度量去确定过程模型。这样找到的"好函数"不一定真好，甚至可能没有价值。要构造出好的回归模型，必须在回归算法的指导下充分利用专业知识，明确优化目标，根据对过程规律的猜测和理解，辨识每个变量的作用和机制，构造出合理的回归模型。对于工业过程来说，有两个非线性模型特别重要。

7.4.1 析因模型

p 个试验因子 $x_1, x_2, \cdots, x_p$ 可以有以下一些因子组合：

（1）单因子项：$x_1, x_2, \cdots, x_p$，共有 C_p^1 项。

（2）二元组合：$x_i x_j (i \neq j; i, j = 1, 2, \cdots, p)$，共有 C_p^2 项。

（3）r 元组合：$\{x_{n_1} x_{n_2} \cdots x_{n_{(r-1)}} x_{n_r}\}(n_1, n_2, \cdots, n_{(r-1)}, n_r)$ 为 p 个试验因子中任意 r $(r = 1, 2, \cdots, p)$ 个因子的组合，有 C_p^r 项。

C_p^i $(i = 1, 2, \cdots, p)$ 都是二项式系数，与二项式系数相比，差一项 C_p^0。系统包含一个常数项。补充这个项后，组合总数为

$$T = \sum_{i=0}^{p} C_p^i = 2^p \tag{7.47}$$

用所有这些因子组合，可以组成一个函数：

$$
\begin{aligned}
f(x_1, x_2, \cdots, x_p, b_0, b_1, \cdots, b_T) = {} & b_0 + b_1 x_1 + b_2 x_2 + \cdots + b_p x_p + \\
& b_{12} x_1 x_2 + b_{13} x_1 x_3 + \cdots + b_{1p} x_1 x_p + \\
& b_{23} x_2 x_p + b_{24} x_2 x_4 + \cdots + b_{2p} x_2 x_p + \\
& \cdots + b_{p-1, p} x_{p-1} x_p + \\
& b_{123} x_1 x_2 x_3 + b_{124} x_1 x_2 x_4 + \\
& \cdots + b_{p-2, p-1, p} x_{p-2} x_{p-1} x_p + \\
& \cdots + b_{123 \cdots p} x_1 x_2 \cdots x_p
\end{aligned}
$$

$$
(7.48)
$$

它是一个包含 2^p 个待定参数的方程，称为全析因模型。对应地，如果放弃某些项得到的就是部分析因模型。

　　一个因子对响应变量的贡献，通常称为因子的效应。它的贡献可以分解为若干部分。一部分是它独立做出的贡献，称为一个因子的主效应。它与其他因素共同发生作用，或互补，或互克，体现出因子之间相互影响相互依存的关系，称为交互作用。一个因子的作用，依条件不同而效应值不同。两个因子的交互作用是一个因子，这个因子所具有的效应称为两个因子的交互效应。在回归方程中，因子的作用由回归系数来描述。一个因子变化一个单位所引起响应变量值发生的变化为该因子的总效应。在多项式中，如果一个项只包含一个试验变量，则该项的系数所表达的就是该因子独立做出的贡献，即主效应。如果一个项的组成是由多个不同变量通过数学运算构成，当这些因子都发生一个单位量的改变时，这个项对应变量的贡献也是它的系数，这个系数值描写了这些变量的交互作用。这样，用多项式描写过程能够分解效应（析因），所以常常用多项式做回归模型。在某些实验中，因子常常是不连续，甚至是非数字的，因子以水平方式变化，对效应的解释有些不同，"所谓主效应，是指同一因素各水平之间的差异；交互作用是指一个因素的效应因另一因素的水平改变而起的变化"[77]。

　　在多项式中，如果希望因变量趋大，当变量的效应（系数值）为正时，变量的取值应趋大；效应为负时，变量的取值则应趋小。正是多项式的这种优点，我们总是假想过程的预报方程具有这样的结构，当预报方程不具有这样的结构形式时，便千方百计用这种形式的方程去近似它，化繁为简，化难为易。所谓优化，就是寻找一组因子的控制状态，使相应的响应变量达到最大，即求解预报方程的优化解。

析因模型用因子的主效应和交互效应来反映因子的作用，描写过程的非线性特性，是对过程规律的一种表达方式，在一定的意义上也反映了事物的客观规律和过程机制。

当因子较多时，不可能实际测定每一个效应，当水平很多，所需试验太多，难以被接受。试验数多，试验周期长，各种条件难以恒定，例如，人员变化，天气变化，原材料变化，特别是自制材料，批量小，批间差异大。条件的变化使系统误差变大，试验的效果一般都不好。人们将其化简，删去某些效应，大多数情况下会删去高阶交互效应。一些交互效应本来显著，把它删除了，它们的方差必定转移到其他因子（效应）上去，这是不合理的。相应地，一些效应本来并不显著，因为得到了多余效应值而变得显著，这也是不合理的。所有这些不合理，最终会在一定程度上误导工艺，该重视的重视不够，不该重视的重视有加。所以，寻找恰当的预报模型是个难题。通常寻找经验方程，拟合数据，预报比较好就予以接受。

7.4.2　二阶模型

二阶模型是完全二次函数构造的模型。

$$y = b_0 + \sum_{i=1}^{p} b_i x_i + \sum_{i=1}^{p} \sum_{j=i}^{p} a_{ij} x_i x_j \tag{7.49}$$

二阶模型忽略复杂的交互效应，用二次函数拟合实验数据。可以估计峰点的位置以及过程的形态和趋势。当拒绝线性模型之后，通常优先考虑二次函数模型。二次函数容易线性化为线性回归方程，因而应用广泛。

7.4.3　虚拟因子

在回归模型的建模过程中，某些项的因子是由其他因子经过运算构成的，是一个虚拟的因子，在回归函数中被代换成一个虚拟变量。这样，尽管原始因子之间可能是正交的，但虚拟因子与原始因子之间及虚拟因子与虚拟因子之间不可能是正交的，大多是高度相关的。这就意味着，用回归分析方法研究非线性过程，虚拟因子之间不是正交的。这样的试验应该如何设计是一个问题。我们将在后面继续讨论。

>>>>>>>

第8章 逐步回归分析

8.1 因子显著性检验

前面的讨论没有考虑因子对因变量贡献的真实性。由于回归系数的相关性，最小二乘回归方程中各个因子的效应并不都是真实的。回归系数估计值小并不一定就说明对应的因子是不显著的，它的部分方差可能被别的因子占用了。同理,回归系数估计值大不一定就说明对应的因子是真显著，说不定它占用了别的因子的方差份额。占了谁的？该还给谁？如果一个因子的回归系数非常小，把它从回归方程中删除，即将它看作 0 后，它占有的方差份额需要重新分配。删除一个因子之后，模型中剩下 $p-1$ 个变量，应由这 $p-1$ 个变量重新构造数学模型，用最小二乘法重新估计各项回归系数。本章的方法取自 R. I. Jennrich《逐步回归》[41, 51]。

设 S_{reg} 是 p 个变量引起的回归平方和，S'_{reg} 是去掉某个变量 x_k 后剩余 $p-1$ 个变量的回归平方和。两者差为

$$V_k = S_{\text{reg}} - S'_{\text{reg}} = b_k^2 / c_{kk} \qquad (8.1)$$

即去掉 x_k 后回归平方和减少的量，也就是 x_k 对回归平方和的贡献，称为偏回归平方和。其相应自由度为 1。偏回归平方和描写了该因子的贡献，即引入该因子之后剩余平方和将要减少的量。检验 x_k 是否显著采用统计量[41]

$$F = V_k / [S_{\text{res}} / (n-p-1)] = (n-p-1)V_k / S_{\text{res}} \qquad (8.2)$$

这个 F 值与临界值 $F_\alpha(1, n-p-2)$ 相比较，如果 $F > F_\alpha(1, n-p-2)$，则该因子在显著性水平 α 下是显著的，否则在显著性水平 α 下为不显著的。在统计学上，α 必须小到一定的水平才有意义。通常认为，$\alpha > 0.05$ 便认为在统计学上不显著，即可信概率太低。具有 $\alpha < 0.05$ 的显著性称为显

著的，具有 $\alpha < 0.01$ 的显著性称为很显著的。

这是统计学的一般原则。在科研实践中，某些过程误差比较大，例如化工过程，用这一标准常常找不到显著因子。为不丢失有用的信息，可以放宽。$\alpha < 0.05$ 的显著性，不能一概放弃。在研究进程中继续观察、确认。最重要的是实验检验。如果反复实验得到了优化的结果，它就应该被接受。

在完全回归过程中，不检验因子的显著性，所有因子都被收入回归方程中，即使回归系数为 0。所以，不显著的因子也具有一定的偏回归平方和，它们占有的是其他显著因子的偏回归平方和值。这样，某些显著因子的偏回归平方和就不足。寻求偏回归平方和的正确分配是逐步回归分析的任务。

8.2　逐步回归过程

如果采样方案 X 不是正交的，有两个方法可以较好地估计回归系数：一个是正交化，另一个是逐步回归[41, 40]。

偏回归平方和的分配与平衡是动态的，每当因子被删除或引入时，都会引发新的不平衡状态，进而需要重新达到平衡。在检查回归方程的过程中，一旦发现某个变量的显著性不足，便需将其剔除，并随之重新构建回归方程，重新计算回归系数。同样地，当发现一个具有显著性的因子时，便需要将其纳入回归方程，这将导致方程增加一个变量，从而需要再次重构回归方程，重新计算回归系数。由于这一过程中涉及的计算量相当庞大，特别是在实验变量很多的情况下，手工进行计算无疑是一项极其艰巨的任务。因此，迫切需要建立一种高效的方法，以简化重新构建回归方程和重新计算回归系数的烦琐操作流程，从而提高工作效率和准确性。设 $X = \{x_1, x_2, \cdots, x_p\}$ 是原始的变量集，称为原集。若 $X' = \{x_1', x_2', \cdots, x_k'\} \subset X$，$k < p$，则称$X'$为 X 的子集。若 $x_i(i=1,2,\cdots,k)$ 都是显著的，则 X' 是 X 的一个显著子集。

按照上面的规则，一个变量如果经 F 检验是显著的，则它应收集在 X' 中；若检验结果表明该变量不显著，则它不应保留在 X' 中，应从中删除。若已删除的变量在后续的检验中再次被证实为显著，那么该变量应被重新纳入 X'集合中。这种实现显著因子子集选择的程序化方法，被称为逐步回归分析。逐步回归分析通过反复执行选取显著变量和删除不显著变量的操作，持续进行迭代，直至既没有新的显著变量可供选取，也没有不显著变量可供删除时，该过程才能终止。

　　显著子集引入一个变量，它必须满足三个条件：其允许值大于矩阵的退化界限；其偏回归平方和 V_k 为最大；满足以下关系：

$$F_{in} = (n-p-2)V_k /(r_{mm}-V_k) > F_\alpha(1, n-p-2)$$

从显著子集中删除一个变量需要满足的条件：V_k 最小。

$$F_{del} = (n-p-1)V_k / r_{mm} < F_\alpha(1, n-p-1)$$

α 为显著性水平，必须恰当地设定 α 值。若误差范围较大，而 α 值设置得过于小，则会导致筛选门槛过高，可能使得被判定为具有显著性的因子数量过少，甚至可能完全没有。反之，如果误差范围极小，而 α 值又设定得偏大，那么被判定为具有显著性的因子可能会过多，甚至可能出现没有不显著因子的情况。无论是显著因子过多还是过少，都不符合实际情况。在回归分析过程中，反复调整这些参数，反复运行，以达到较好的分析效果，得到一个好的预报方程。

　　允许值限是一个防止与已经引入的变量高度相关的变量被引入而设立的参数，也是防止矩阵蜕化的参数。在这样的条件下，一个因变量与被选自变量之间的相关系数可以表示为

$$corr = \sqrt{S_{reg} / S_{total}} = \sqrt{1 - S_{res} / S_{total}} = \sqrt{1 - a'_{dd} / a_{dd}} \tag{8.3}$$

这里 d 是对应的因变量下标，a_{dd} 是扫描前的值，a'_{dd} 是扫描后的值。标准化后，$a_{dd} = 1$，因而

$$corr = \sqrt{1 - a'_{dd}} \tag{8.4}$$

　　非正交设计的变量之间通常存在一定的相关性，因而回归参数估计值之间也存在相关性。一个待选变量 x_i 与原来已经引入的变量之间的相关系数（标准化后）为

$$corr = \sqrt{1 - a'_{ii}} \tag{8.5}$$

　　为了防止矩阵蜕化使计算溢出并阻止高度相关的因子被同时引入回归

方程，规定一个允许值限 t。如果计算的允许值 $t_i = \sqrt{1 - a'_{ii}/a_{ii}} < t$，则该变量与原来已经引入的变量之间的相关性大于允许的标准，不能引入。注意上述各式之间的关系，t 实际上就是该因子所对应的矩阵对角线元素的允许蜕化线。因此，它也是防止矩阵蜕化而设置的一个参数。$t_i < t$ 是必要条件，并非充分条件。如果出现 $t_i < t$，就不考虑引入该因子的问题。它是一个足够小的数，如 $t = 0.000\ 1$。

8.2.1 向前逐步回归

从空集开始，反复执行选取显著变量和删除不显著变量的操作，直到没有变量可以选取也没有变量可以删除时终止操作。向前逐步回归对样本规模没有提出要求，即便实验数比实验变量少也不妨碍选取过程，并能从中得到一个显著子集。然而，当试验数比实验变量少时，由于缺乏足够的自由度来完成显著性检验，这样的试验样本很可能属于一个相关组，所得到的显著子集不可靠，判断不充分，建议不用。虽然向前逐步回归在工业试验中可能并不适用，但这并不意味着它在所有领域都无用。在许多其他研究中，向前逐步回归具有显著的应用价值。例如，某些过程的预报函数很复杂，但在应用的范围内可以用较简单的函数代替，用向前逐步回归分析可以得到一个精确度足够好且形式简单的函数。由它构建的控制系统简单，成本降低，响应更快，控制效果更好。

8.2.2 向后逐步回归

先做完全扫描，将全部变量收入 X' 中，然后反复执行删除不显著变量和选取显著变量的操作。直到没有变量可以选取也没有变量可以删除为止。这是解决变量相关性问题的一种有效方法。它允许采样矩阵变量间存在一定的相关性。通过这种方式，能够从变量全集中可靠地选取出显著变量子集。相较于向前逐步回归，向后逐步回归计算量大很多，耗费更多的计算时间。然而，鉴于现代计算机强大的计算能力和极快的处理速度，实施向后逐步回归已不再受时间与速度的制约。推荐将向后逐步回归分析作为回归分析的标准方法。

矩阵退化允许值限阻止矩阵退化，防止了高度相关的两个变量同时被引入。保留在显著子集中的那个一定是显著的吗？被拒绝的那一个一定是不显著的吗？到底允许变量间有多大的相关性？这些问题仍然没有标准的答案。尽量降低实验变量之间的相关性，是避免出现这类问题唯一有效的方法。

8.2.3　为什么主张向后逐步回归？

向前逐步回归与向后逐步回归是两种不同的回归过程，向前逐步回归从零集合开始，执行逐步选取过程，直到没有因子可以被选取为止。向后逐步回归首先进行完全扫描，把所有因子收入显著因子集合中，然后逐一审查被选取的因子，不满足要求的，予以删除，当再次审查认为该因子符合选取条件，又可以把它选取进来。如此反复，直到显著子集中没有不显著因子可以被删除。二种方法的结果有差异。向前逐步有遗漏显著因子的可能，仅当样本相当大时二者才会一致。

我们现在用模拟的方法来比较其运行效果，假设一个函数做模拟数据发生器，定义在区域 D: {$(-1,3);(0,4);(-2,5)$}上：

$$y = f(x) = 0.35 + 2x_1 - 0.54x_2 + 0.07x_2x_3 - \\ 0.009\,3x_1x_2 + 0.432x_1x_3 + 0.371x_1x_2x_3 \tag{8.6}$$

产生试验数据库。回归模型为

$$f(x) = a_0 + a_1x_1 + a_2x_2 + a_3x_2x_3 + a_4x_1x_2 + a_5x_1x_3 + a_6x_1x_2x_3 + e \tag{8.7}$$

其形式与数据发生器相同，分别用向前逐步（SU）和向后逐步（SD）两种不同的方法，从数据样本中选取样本，执行回归过程，选取显著变量和估算回归系数，再与式（8.6）中的系数进行比较。模拟结果展示在表 8.1 中。

表 8.1　无误差模拟的结果

方法	使用数据数	a_0	a_1	a_2	a_3	a_4	a_5	a_6
SD	9	0.35	2	−0.54	0.07	−0.009 31	0.432	0.371
SU	9	0.189 5				1.038 35	0.955 5	
SU	14	0.321 754				−0.969 08	1.06	
SU	25	0.35	2	−0.54	0.07	−0.009 31	0.432	0.371

表 8.1 的第一行表明，向后逐步回归 SD 只使用 9 个数据，准确地得到了原函数，同等样本量，SD 较 SU 要准确得多。而 SU 需要 25 个数据才得到同样的结果。即使模拟实验数据没有误差，为求得原始函数，用 SU 较 SD 所需样本量多得多。对于没有误差的试验数据尚且如此，如果实验数据含有误差，结果会更差。含误差的模拟从略。

结果表明随着样本的增大，模拟系数逐渐逼近原系数。当样本没有达到一定规模时，山重水复疑无路，有时，增加一个实验之后，便觉柳暗花明。因此，当感到结果不够理想时，适当追加实验会出现转机。当参数估计不够满意时，追加实验是必要的策略。然而，我们也需要认识到，当系统误差较大时，即使样本规模已经达到足够水平，盲目追求进一步扩大样本规模并不必要。如果反复追加实验仍不能取得明显效果，就应该考虑检查实验模型是否存在问题。根据文献和上述模拟结果，我们推荐使用向后逐步回归。根据逐步回归 F 检验所需要的自由度数，样本规模不得小于回归变量数+2。只要实验难度不是很大，成本能够承受，条件允许，实验数可以适当多一些，参数估计会更准确。在误差比较大的情况下，将样本规模追加到因子数的两倍或更多是必要的，多多益善。

8.2.4 多因变量逐步回归分析

有多个因变量的过程，如果他们的实验模型具有相同的结构，完全回归计算可以一次扫描完成。但对每个因变量而言，其最终回归函数的显著变量子集一般不相同，因而选取显著子集的因子增删过程也不相同。即使各因变量都有相同的回归模型，逐步回归分析也不能在同一过程中处理完成。完成完全回归之后，再逐个处理因变量，分别计算回归系数。

多因变量问题中，这一个因变量优化了，另一个（或一些）性能可能变坏了，因此多个因变量的综合平衡优化问题应当受到重视。

8.3 市场预测

某银行在 1984—1995 年的存款余额数据样本如表 8.2 所示，我们来建立一个预报函数，预测其后续年的存款余额。

表 8.2　某银行存款余额数据样本

x	1984	1985	1986	1987	1988	1989	1990	1991	1992	1993	1994	1995
y	1696	1935	2537	3145	3562	4128	5181	5407	7964	9304	11 317	114 443

进入一元回归分析程序，系统会给出点绘并首先用线性模型给出线性
回归函数和一条回归直线，如图 8.1 所示。

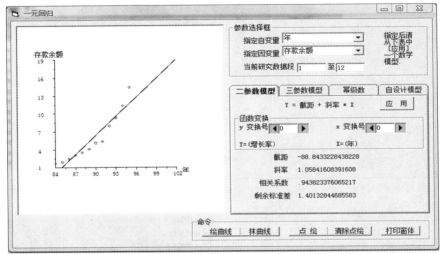

图 8.1　一元线性回归

该银行的存款增长显然不是线性的,但它到底是什么类型的函数? 选择
恰当的拟合函数是提高预报准确性的关键。我们的数据处理模型提供一个小
型模型库,可以从中快速选择模型尝试,除了常见的线性函数(即所谓的两
参数模型)外,还有三参数模型以及幂级数等多种类型。尽管我们也可尝试
自行设计函数,但这极为困难,除非我们预先对其模型形态有所了解。在实
际应用中,三参数模型往往成为我们的首选。系统非常迅速地展示出库中各
函数的拟合曲线及其拟合标准差,供用户选择与决策。用户可以自由地来回
尝试、反复斟酌,以便找到最适合的拟合函数。最终,我们将根据用户的选
择归纳出最佳的拟合函数。这一过程实际上是程序与用户之间的交互过程。
图 8.2 就是一种较好的拟合函数,比线性回归要好得多。

银行的存款增长状况受很多社会的或政策的影响。要想预测更有效,将
样本分成若干段,逐段进行拟合。就本例而言,分为两段。用最近 4 年的数

据，1992—1995 年的存款余额来建立预报模型，预测近期的存款增长会更准确。回归结果见图 8.3。

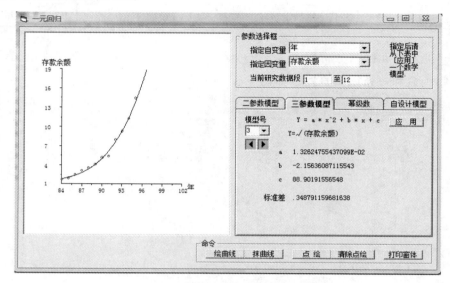

图 8.2　从 12 年的存款余额得到预报函数

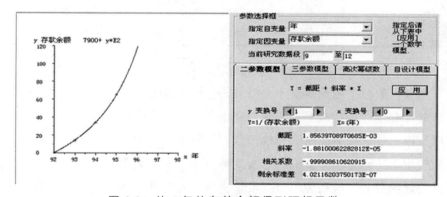

图 8.3　从 4 年的存款余额得到预报函数

按系统给出的报告整理回归分析结果得到预测函数为

$$1/y=0.001\ 856\ 397\ 089\ 706\ 85-0.000\ 018\ 810\ 006\ 228\ 281\ 2x$$

系统采用双精度计算并报告，具体工程根据精度需要自行截取有效数字。

如果有多个响应，该程序提供了各种按钮供操作者灵活地选用尝试各种拟合模型，并且归纳出预报函数。

8.4 水泥凝固放热试验

8.4.1 问题与实验数据

这个例子转引自《正交与均匀实验设计》，本书提供一种新的解释方式。某水泥的四种成分为 x_0: $3CaO \cdot Al_2O_3$，x_1: $3CaO \cdot SiO_2$，x_2: $3CaO \cdot Al_2O_3 \cdot Fe_2O_3$，$x_3$: $3CaO \cdot Si_2O_2$。凝固时，物质重结晶放热量 y（cal/g）与水泥中的成分配比有关，试验数据列于表 8.3。

表 8.3 水泥凝固放热试验数据

序号	x_0	x_1	x_2	x_3	y	序号	x_0	x_1	x_2	x_3	y	序号	x_0	x_1	x_2	x_3	y
1	7	26	6	60	78.5	6	11	55	9	22	109.2	11	1	40	23	34	83.8
2	1	29	15	52	74.3	7	3	71	17	6	102.7	12	11	66	9	12	113.3
3	11	56	8	20	104.3	8	1	31	22	44	72.5	13	10	68	8	12	109.4
4	11	31	8	47	87.6	9	2	54	18	22	93.1						
5	7	52	6	33	95.9	10	21	47	4	26	115.9						

试验设计 X 的相关矩阵和置信水平状况，如表 8.4 所示。

表 8.4 试验设计的相关矩阵

P_{max}		0.547 5	0.999 5	1
mcc		0.228 6	0.824 1	0.973
n	0	1	2	3
0		0.228 6	0.825 1	0.245 4
1			0.139 2	−0.973
2				0.029 5
3				

注：前两行为相关性参数。

从相关矩阵看，x_1，x_3 之间的相关系数达到 −0.973，置信水平几乎达到 1，对应的实验点几乎安排在一条直线上，相关性非常强。x_0，x_2 之间的相关系数达到 −0.824 1，置信水平为 0.999 5，接近 1，对应的实验点也几乎安排在一条直线上，相关性也非常强。从实验设计的角度看，变量间的相关性太高，该设计应该调整。

4 个因子的实验点分布有 6 幅侧面投影图，见图 8.4。

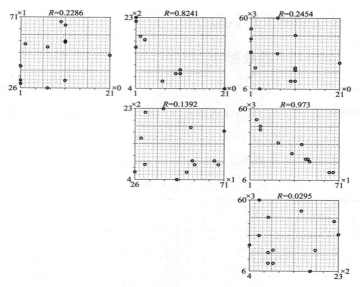

图 8.4 试验点点绘图

8.4.2 线性模型回归分析结果

完全回归得到完全回归方程：

$$y=62.405\ 37+1.551\ 103x_0+0.510\ 16x_1+0.101\ 903\ 4x_2-0.144\ 061\ x_3$$

向后逐步回归方程为

$$y=52.577\ 35+1.468\ 306x_0+0.662\ 250\ 5x_1$$

向后逐步回归得到的回归方程只包含两个因子 x_0，x_2，拟合标准差 2.294 3，最大相对偏差 3.895 4%。在这个回归分析过程中，相关的两个因子编号在前的一个被选取，另一个被舍弃。如果接受这个选择依据，x_2，x_3 被舍弃，意味着这两种物质对放热没有贡献。也就是说，放热量与这两种物质无关，不需要控制 x_2 和 x_3 的含量。这个判断恐怕未必是真的。水泥凝固结晶结构重排时放热与这两种物质的结构差异无关的判断未必是真的。倘若 x_2 和 x_3 的放热效应显著，那就要误事了。几乎可以断言，x_2 和 x_3 不会都没有自己的效应。

换一个思路，如果在构造回归模型的时候，将 x_2，x_3 排在前面，x_0，x_1 排在后面，可能得到另一个结果，见图 8.5。被选取的变量将是 x_2，x_3，被

舍弃的是 x_0，x_1，结论是水泥凝固放热与 x_0，x_1 无关。

回归变量	x0	x1	x2	x3	回归常数
y0	0	0	1.468306	.6622505	52.57735

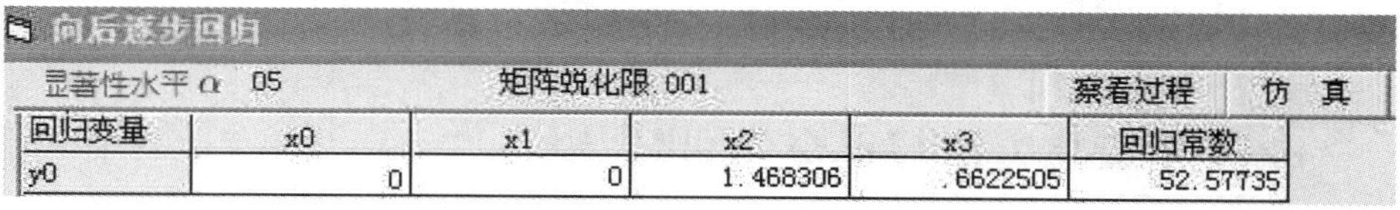

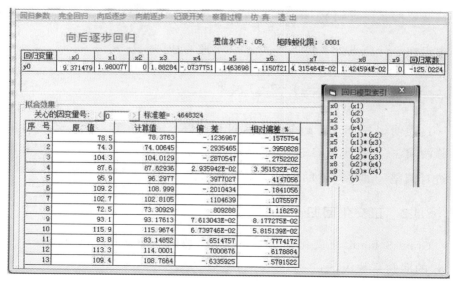

图 8.5　换一种回归模型向后逐步回归结果

上述两种结果相互矛盾。用这样的回归方程做出的推断不可能正确。倘若 x_2 和 x_3 有强烈的放热效应，任意加大或减少这些物质的配入量，可能出现风险。改进设计，降低相关性，重新实验并计算，结果可能完全不一样。x_0 占用了 x_2 的效应，x_1 占用了 x_3 的效应，由 x_0 和 x_1 表达，放热量的估计不会合理。工程上会不会出问题，归根结底应受实践检验。

在水泥配方体系中，后两种物质不是可有可无的，在物质结构重排过程中，x_2，x_3 的放热作用不能被忽视。要想实现对热量较精密的控制，仅用线性模型是不够的。

8.4.3　非线性模型回归分析结果

蜕化允许值限取为 0.01 时矩阵蜕化，当取为 0.001 时可以完成计算过程。向后逐步回归分析结果及拟合效果如图 8.6 所示。

回归变量	x0	x1	x2	x3	x4	x5	x6	x7	x8	x9	回归常数
y0	9.371479	1.980077	0	1.88284	-.0737751	.1463698	-.1150721	4.315464E-02	1.424594E-02	0	-125.0224

序 号	原 值	计算值	偏 差	相对偏差 %
1	78.5	78.3763	-.1236967	-.1575754
2	74.3	74.00645	-.2935465	-.3950828
3	104.3	104.0129	-.2870547	-.2752202
4	87.6	87.62936	2.935942E-02	3.351532E-02
5	95.9	96.2977	.3977027	.4147056
6	109.2	108.999	-.2010434	-.1841056
7	102.7	102.8105	.1104639	.1075597
8	72.5	73.30929	.809288	1.116259
9	93.1	93.17613	7.613043E-02	8.177275E-02
10	115.9	115.9674	6.739746E-02	5.815139E-02
11	83.8	83.14852	-.6514757	-.7774172
12	113.3	114.0001	.7000676	.6178884
13	109.4	108.7664	-.6335925	-.5791522

图 8.6　水泥放热实验的析因模型的参数估计结果

用现有数据作非线性分析，数据量不够，拟合偏差比较大。应当改进设计，降低相关性，增加实验数目，重新实验并计算。

8.5 正交化方法与正交化回归[42]

8.5.1 正交化方法

非正交设计 X 可以用 Gram-Schmidt 正交化方法正交化，过程分两步：

（1）定义一个向量 $z_0 = x_0 = 1$，长度为 $\|z_0\| = \sqrt{n}$，其中，n 为实验数。

（2）假设 $x_j(j=1,2,\cdots,k-1)$ 已经被正交化为 z_j，长度 $\|z_j\| \neq 0$。对 $k>0$ 可以得到

$$z_k = x_k - \sum_{j=0}^{k-1} \gamma_{jk} z_j \qquad (8.8)$$

$$\gamma_{jk} = \frac{(z_j, x_k)}{(z_j, z_j)} \qquad (8.9)$$

在代数学中，这一方法用来从欧氏空间的任意基底求正交基底。在那里，$z_1 = x_1$。回顾多元线性最小二乘回归原理，正规矩阵 $X^{\mathrm{T}}X$ 的构成所包括的 X 的第一个列向量就是 1。对于实验设计矩阵的正交化，步骤 1 在理论上是必要的。注意到 $\gamma_{0k} = \frac{(z_0, x_k)}{(z_0, z_0)} = \bar{x}_k$，它的作用只是将向量平移，使向量的中点在坐标原点处。可以将式（8.8）改写成

$$z_k = (x_k - \bar{x}_k) - \Phi \sum_{j=1}^{k-1} \gamma_{jk} z_j \Psi \qquad (8.10)$$

这表明，一个向量 x_k 的正交化过程可以分解为两步：第一步将向量平移距离 $\bar{x}_k$，使向量的中点在坐标原点处；第二步，对向量的长度和倾角进行调整。如果向量的中点本来就在坐标原点处，则跳过第一步。

8.5.2 正交化回归

Gram-Schmidt 正交化也是估计回归系数的一种方法。正交化后，变量 x_p 的回归系数用

$$\hat{\beta}_p = \frac{(z_p, y)}{(z_p, z_p)} = \frac{(z_p, y)}{\parallel z_p \parallel^2} \qquad (8.11)$$

来估计。变量 x_p 的回归系数的估计方差为

$$\mathrm{Var}(\hat{\beta}_p) = \frac{\sigma^2}{\parallel z_p \parallel^2} \qquad (8.12)$$

其中，σ 为因变量 y 的方差。这表明 $\hat{\beta}$ 的估计精度依赖于向量 z_p 的长度。如果这个长度很小，估计精度就会很低。

当设计的变量之间有相关性，向量正交化后长度会收缩，向量的正交化收缩率具有十分重要的意义。由式（8.8）可得向量长度表达式

$$\parallel z_p \parallel^2 = (z_k, z_k) = (x_k, z_k) = (x_k, x_k) - \sum_{k=0}^{k-1} \gamma_{ik}(z_i, x_k)$$

$$= \parallel z_k \parallel^2 - \sum_{i=1}^{k-1} \frac{(z_i, x_k)^2}{\parallel z_i \parallel^2} = \parallel x_k \parallel^2 - \sum_{i=1}^{k-1} \left(\frac{(z_i, x_k)}{\parallel z_i \parallel} \right)^2 \qquad (8.13)$$

式（8.13）两边除以 $\parallel x_k \parallel^2$ 并定义第 k 个向量的正交化剩余率为

$$\rho_k = \frac{\parallel z_k \parallel}{\parallel x_k \parallel} \qquad (8.14)$$

记

$$\delta_k = \sum_{i=1}^{k-1} \left(\frac{(z_i, x_k)}{\parallel z_i \parallel \parallel x_k \parallel} \right)^2 \qquad (8.15)$$

则可得

$$\rho_k^2 = 1 - \delta_k \qquad (8.16)$$

向量的长度大于或等于 0，δ_k 是平方和，$\rho_k^2 \geqslant 0$，即应有 $1 - \delta_k \geqslant 0$，进而有 $0 \leqslant \delta_k \leqslant 1$。

p 个变量的一个试验设计 X 是实欧氏空间 $\mathbb{R}^m$ 的一个 p 维子空间，称为因子空间。欧氏空间中，向量 x_i，x_j 的内积与它们之间的夹角有关系。

$$(x_i, x_j) = \parallel x_i \parallel \parallel x_j \parallel \cos \theta_{ij} \qquad (8.17)$$

θ_{ij}（$0 \leqslant \theta_{ij} \leqslant \pi$）为向量 x_i，x 间的夹角。这样，使向量 x_i，x_j 正交，以其中

一个为基准,将另一个向量调整到它的目标位置的旋转角度小于或等于 $\pi/2$。

如果 $(x_i - \bar{x}_i, x_j - \bar{x}_j) \neq 0$（$i \neq j; i, j = 1, 2, \cdots, p$），则其夹角不为 $\pi/2$，预设的试验区域不是一个其棱均互相垂直体积等于 p 个边长的积的长方体。正交化后，实验区域的位置、形状和体积都可能发生变化。$\prod_i^p \|x_i\|$ 是预设考察区域的体积，$\prod_i^p \|z_i\|$ 是实际考察的体积，体积比

$$V = \frac{\prod_i^p \|z_i\|}{\prod_i^p \|x_i\|} = \prod_{i=1}^p \frac{\|z_i\|}{\|x_i\|} = \prod_{i=1}^p \rho_i \qquad (8.18)$$

代表正交化的体积保留率，最大值为 1（不发生形变），最小值为 0（体积变为 0）。为便于比较，V 开 i 次方。不管是否进行正交化操作，设计能充满的真实空间就是 V，可以定义正交化体积损失率为

$$\mu = 1 - V \qquad (8.19)$$

如果某个 x_k 收缩很多，$\|z_k\|$ 非常短，就意味着在 x_k 方向上所考察的区间实际上非常短，总体积非常小,不能反映该变量在所研究区域内的特性，因子的效应估计不稳定。正交化体积损失率 μ 是鉴别实验设计优化水平的重要参数。因此，不带条件笼统地说"实验点充满了试验空间"是没有意义的。这个条件就是试验设计是均匀的、正交或近似正交的，参见第 18 章的 18.2 节。

第 9 章　正交设计

按照 7.2 节的推论 7.2，要从样本 $\{X,Y\}$ 计算出回归系数 $\hat{\beta}$ 且任何 $\hat{\beta_i},\hat{\beta_j}$（$i \neq j$）之间没有相关性，$X$ 的相关矩阵必须为单位矩阵 I。能否构造出试验设计矩阵满足这样的条件是试验设计课题的任务。这个问题有了重要进展。下面介绍一些主要结果。

为叙述方便，我们约定一些术语，这个约定适用于所有后续章节。

约定：设 $x_1,\cdots,x_m$ 代表实验过程中的 m 个因子。n 代表实验数，常常称作运行数。$h_i = (h_{1i}, h_{2i}, \cdots, h_{ni})^T$ 代表试验因子 x_i 的水平设计，有时也称为 x_i 的定义域，即如何在该变量的变化区间设置试验点划分这个区域。其中，某些 $h_{ji}(j=1,\cdots,n)$ 可能相同，但 $\forall i, \sigma_{h_i} \neq 0$。对每个 h，

$$\bar{h} = \sum_{i=1}^{n} h_i / n, \ \sigma_h = \sqrt{\sum_{i=1}^{n}(h_i - \bar{h})^2 / (n-1)}$$

h 的元素的全体置换的集合记作 S_n，h 也称为 S_n 的生成向量或母向量。

由 7.2.1 节的基本结论，要使回归系数的估计值之间没有相关性，试验设计 X 的相关矩阵应当为单位矩阵 I。由式（7.31），一个 $n \times k$ 维试验设计形如

$$X = (x_1, x_2, \cdots, x_k); x_i = (x_{1i}, x_{2i}, \cdots, x_{ni})^T, k < n, i \in (1,2,\cdots,k)$$

应由以下带约束条件的方程组产生

$$x_i^T x_j - n\bar{x_i}\bar{x_j} = 0, \quad (i \neq j; i, j = 1, 2, \ldots, k; k < n) \tag{9.1}$$

$$x_i \in S_n, \quad i = 1, 2, \cdots, k \tag{9.2}$$

式中，n 为 x 的维数；k 为某个正整数。当 $\bar{x_i} = \mathbf{0}(\forall i)$ 时，$cf=0$。此时，方程（9.1）具有更简单的形式

$$x_i^{\mathrm{T}} x_j = 0 \ (i \neq j; i, j = 1, 2, \cdots, k, k < n) \tag{9.3}$$

此时的解 X 恰好是列正交的，即

$$X^{\mathrm{T}} X = I \tag{9.4}$$

如果没有约束条件（9.2），构造满足式（9.3）或式（9.4）的正交矩阵 X 并不难。有命题[44]：如果有由 n 个实数组成的向量 $x = (x_1, x_2, \cdots, x_n)^{\mathrm{T}}$，$x^{\mathrm{T}} x \neq 0$，就至少存在一个以 x 为第一个列向量的正交矩阵。这样的正交矩阵可以含有 n 个正交向量，能直接构造出来并用以下方法标准化为标准正交基

$$z_k \longleftarrow \frac{z_k}{\sqrt{z_k^{\mathrm{T}} z_k}} \tag{9.5}$$

解一个不定方程组，n 个变量，k 个线性方程（$k<n$），如果不附带任何条件，在实数域中一定有非 0 解。将 x 直接赋给第一个列向量 x_1，从 $k=1$ 开始，解方程组（9.3），将解向量赋给 x_{k+1}，直到得到 n 个正交向量。但如果附加约束条件（9.2），解却不一定存在。作为试验设计的模板，令 h_i 的元素只取整数值，构成 X 的所有向量都是 h_i 的置换。习惯地称这样的 X 为阵列。这样的正交阵列不一定存在。

在得到计算机的助力之前，回归分析方法的完成，特别是对于向后逐步回归，非常困难。统计学家想出了一些方法来实现正交设计，这就是析因设计，正交拉丁方。

9.1 析因设计

设第 k 个因子 x_k 有 s_k 个水平，按析因模型（7.4.1 节），m 个因子共有 $U = s_1 s_2 \cdots s_m$ 种组合，即有 U 种不同实验条件组合。完成这些实验之后，理论上可以估算出析因模型的各种效应。

将 x_k 的试验区间 (a_k, b_k) 划分为 s_k-1 段，在网格点上安排实验，所得试验设计方案就是析因设计。对于三因素过程，设 x_1，x_2，x_3 分别有 3，4，5 个水平（注意端点），实验区域是一个长方体，得到 $3 \times 4 \times 5 = 60$ 个格点（图 9.1）。

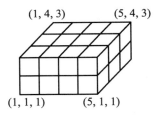

(1, 4, 3)   (5, 4, 3)

(1, 1, 1)   (5, 1, 1)

图 9.1　析因设计示意

变量 x_1 的每个水平都用了 12（ $=3 \times 4$ ）次，x_2 的每个水平都用了 15（ $= 3 \times 5$ ）次，如果再有第 4 个因子，s_4 个水平，点变成了四维点，点数要多 s_4 倍。这样设计的试验点分布是均衡分散、齐整可比的，相关矩阵是 I。

9.2　正交拉丁方

20 世纪 20 年代，R. A. 菲歇在英国罗萨姆斯特农业实验站开展的农业实验中运用统计学理论，创造了区组设计和拉丁方设计，开创了试验设计科学的先河。1923 年与 W. A. 梅克齐合作发表了第一个试验设计的实例，1935 年出版了他的名著《试验设计法》。

一个边长 m 的正方形方阵，m 个符号在正方形方阵的 m^2 个位置上，每行每列包含每个符号一次也仅一次，则称这个方阵为拉丁方。将两个拉丁方按上下次序层叠起来，每一个位置上的上下两层有序符号对在所有位置上出现一次且只出现一次，则称这两个拉丁方是相互正交的拉丁方。

这样设计的试验点分布是均衡分散、齐整可比的，相关矩阵是 I。正交拉丁方设计引出了正交拉丁方构造方法的研究。请参考 H. B. Mann 的《试验分析与设计》[39]。

9.3　正交表

9.3.1　正交表的定义

在正交拉丁方的基础上发展出了正交表[47, 48]，正交表既可以是全析因，也可以部分析因。正交拉丁方能解决的问题都可以用正交表解决。

如果一个设计满足以下两个条件[39]就称这种设计为正交设计。

（1）每个因子的每个水平的重复次数相等。

（2）任意两个因子 **a**，**b** 的水平交互配合所构成的数对 a_i，b_j 都出现且重复相同多次。

正交表的一般化定义[48]：

一个取自 S 的 s 个条目的 $N×K$ 阵列 A 说是一个 s 水平，强度为 t，指数为 λ 的（在范围 $0≤t≤K$ 内的某些 t）正交表，如果 A 的每个 $N×t$ 子阵的每个基于 S 条目的 t 元组合作为一行恰好 λ 次。①

这类正交表主要有两个版本：田口玄一[47]和由 N. J. A. Sloane 发布的 OA 表库。田口正交表都可在 OA 中找到，水平表示方法稍有差异，命名不同。Hedayat 等的专著 *Orthogonal Arrays: Theory and Applications*[48] 富集了所有重要的结果，本书不赘述。这样的 OA 具有均衡分散，齐整可比的特点。其实它们不满足式（9.3）和式（9.4）。因为这样的正交设计定义在拉丁空间中，假定研究的因子是定性的，水平是希腊-拉丁符号，Hedayat 等的书明确说明不定义内积，这种正交与代数学上的正交不是一回事，不满足代数学上的正交定义。然而，用$(1,2,\cdots,n)$ 将其水平向量数字化，计算其相关矩阵，只要 $k<N$，$OA(N,k,s,t)$的相关矩阵便是 I_k。它们作为正交试验设计模板，已有大量应用。我们称这种正交表为齐整正交表，简称 OA。

9.3.2　齐整正交表 OA 的构造方法

田口玄一和 Hedayat 等的专著全面介绍了 OA 的构造方法，这里不赘述。我们介绍 OA 的构造方法仅仅具有演示性质，借以说明这一类正交表的某些性质，可以给出一些通俗易懂的典型方法，当然不是全部，这些方法可以参考中文书籍[49]。常见的田口正交表[34, 49]都可由这种方法得到。

田口方法构造的正交表的列可以分为两种。一种叫基本列，以二水平表 $L_8(2^7)$ 为例，暂时分别用 0 和 1 代表两个水平，标准地顺序地由水平数划分 8 个实验。第一个基本列的 8 个分量标准地顺序地分为两组，$a=(0,0,0,0,1,1,1,1)$。第二个基本列是将第一个基本列的每个水平再分别标准地顺序地一分为二，$b=(0,0,1,1,0,0,1,1)$。以此类推，第三个基本列为

---

① 这个定义的原文如下： An $N × K$ array A with entries from S is said to be an orthogonal array with s levels, strength t and index λ (for some t in the range($0≤t≤k$) if every $N × t$ subarray of A contains each t_tuplebased on S exactly λ times as a row.

$c=(0,1,0,1,0,1,0,1)$。对 8 个 2 水平实验不能再分，基本水平向量已经构造完毕。基本列都有一个名字，由一个小写字母表示。基本列的顺序也可以改为 $a=(0,0,0,0,1,1,1,1)$；$b=(0,0,1,1,0,0,1,1)$；$c=(0,1,0,1,0,1,0,1)$，没有本质上的差别。

　　基本列之外的其他列统称为交互列。两个基本列的交互列的列名由该二基本列的列名用乘法规则导出，列名运算规则服从以下定律：

　　（1）交换律：$ab=ba$，$abc=cba=cab=bac$ 等。

　　（2）结合律：$(ab)c=a(bc)=c(ab)$。

　　（3）相同列名的积对水平数的模取余的规则：水平数为 2 时，$aaa=a$；$aa=1$，1 通常省去不写。

　　基本列以外的各列的内容（水平）由相关两列的水平值相加对模取余而得。令 m 表示水平数，用 0 表示第一水平，1 表示第二水平等。这个加法服从 m 进制加法法则：

　　（1）交换律：$a+b=b+a$ 等。

　　（2）结合律：$(a+b)+c=a+(b+c)=c+(a+b)$。

　　（3）和对水平数的模取余：水平数为 2 时，$1+1=0$，$1+1+1=1$。这样，两水平加法和三水平加法如表 9.1 和表 9.2 所示。其余依次类推。

　　以 $L_8(2^7)$ 为例，正交表的构造方法示于表 9.3。

表 9.1　两水平加法表

	0	1
0	0	1
1	1	0

表 9.2　三水平加法表

	0	1	2
0	0	1	2
1	1	2	0
2	2	0	1

表 9.3　8 实验二水平正交表的构造

列名	c	b	bc	a	ac	ab	abc
1	0	0	0+0=0	0	0+0=0	0+0=0	0+0=0
2	0	0	0+0=0	1	1+0=1	1+0=1	1+0=1
3	0	1	1+0=1	0	0+0=0	0+1=1	1+0=1
4	0	1	1+0=1	1	1+0=1	1+1=0	0+0=0
5	1	0	0+1=1	0	0+1=1	0+0=0	0+1=1
6	1	0	0+1=1	1	1+1=0	1+0=1	1+1=0
7	1	1	1+1=0	0	0+1=1	0+1=1	1+1=0
8	1	1	1+1=0	1	1+1=0	1+1=0	0+1=1

同理可以构造三水平表，见表 9.4。

表 9.4　$L_9(3^4)$ 的构造

列名	a	b	ab	ab^2	a^2b
1	0	0	0+0=0	0+0=0	0+0=0
2	0	1	0+1=1	1+1=2	0+1=1
3	0	2	0+2=2	2+2=1	0+2=2
4	1	0	1+0=1	0+1=1	1+1=2
5	1	1	1+1=2	1+2=0	1+2=0
6	1	2	1+2=0	2+0=2	1+0=1
7	2	0	2+0=2	0+2=2	2+2=1
8	2	1	2+1=0	1+0=1	2+0=2
9	2	2	2+2=1	2+1=0	2+1=0

它有 5 个列。1，2 列是基本列，3，4，5 列是交互列。前 4 列是两两正交的。第 4 和 5 列则不满足前面的正交性条件。每一列中，水平的出现是均衡的，每个水平出现 3 次；两列中，数对（0,0）、（2,1）和（1,2）各出现三次，（0,1）、（1,0）、（0,2）、（2,0）、（1,1）和（2,2）没有出现，不满足正交设计的两个定义，二者不同时属于该正交表，必须去掉一列。正交表的构成都是完备的，不能再造出本质上不同的列来。田口玄一将第一个水平为 1，开发出了一套正交表[47]。Sloane 的 OA 表库与田口表稍有不同。二水平表的水平用："＋""－"表示。多水平表水平的第一个水平为 0。表 9.5 是 $L_8(2^7)$，表 9.7 展示了 $L_9(3^4)$ 与 OA(9,4,3,2) 这两种形式，它们本质上是一样的。除了这些固定水平正交表之外，大量的正交表是混合水平的。形式多种多样。

表 9.5 L$_8$(2^7)

	1	2	3	4	5	6	7
1	1	1	1	1	1	1	1
2	1	1	2	2	1	2	2
3	1	2	1	2	2	1	2
4	1	2	2	1	2	2	1
5	2	1	1	2	2	2	1
6	2	1	2	1	2	1	2
7	2	2	1	1	1	2	2
8	2	2	2	2	1	1	1

表 9.6 2^3 因子设计

a	b	c	ab	ac	bc	abc
−	−	−	−	−	−	−
−	−	+	+	−	+	+
−	+	−	+	+	−	+
−	+	+	−	+	+	−
+	−	−	+	+	+	−
+	−	+	−	+	−	+
+	+	−	−	−	+	+
+	+	+	+	−	−	−

表 9.5 和 9.6 这样的二水平 OA,还有一个特殊的名字叫 Hadamard 矩阵。

表 9.7 L$_9$(3^4)与 OA(9,4,3,2)

	L$_9$(3^4)				OA(9,4,3,2)			
	a	b	ab	ab^2	a	b	ab	ab^2
1	1	1	1	1	0	0	0	0
2	1	2	2	3	0	1	1	2
3	1	3	3	2	0	2	2	1
4	2	1	2	2	1	0	1	1
5	2	2	3	1	1	1	2	0
6	2	3	1	3	1	2	0	2
7	3	1	3	3	2	0	2	2
8	3	2	1	2	2	1	0	1
9	3	3	2	1	2	2	1	0

9.3.3　齐整正交表的实验设计与方差分析

正交表的实验设计很简单，仅需 3 个步骤。

步骤 1：确定实验变量组及它们的水平设计。

步骤 2：选中一个 OA 表。

步骤 3：根据表的性能，把因子安排在一定的列上，填上它的水平值，设计就完成了。

实验完成之后，把实验结果填进设计表，然后进行方差分析（ANOVA）。方差分析过程并不使用水平的具体值，因此，其优点是因子既可以是定量的，也可以是定性的。即使不用计算机也可以很快地完成分析计算过程。不仅可以估计出每个列的效应，也可以估计出每个水平的效应。利用效应估计很容易完成推断选优过程，得到优化预报方程和预报值。一般来说，一个正交表有一个特定的方差分析计算表。虽然简单，但计算烦琐，容易出错。这里给出 ANOVA 过程的一个一般性的计算方法。其中一些关键参数见表 9.8。

表 9.8　正交表的方差分析计算公式

全体试验响应之和	$\mathrm{SUM} = \sum_{i=1}^{n} y_i$	备注
平均值	$\mathrm{MEAN} = \mathrm{SUM}/n$	n 为实验数
响应之平方和	$SS = \sum_{i=1}^{n} y_i^2$	
修正项	$CF = (\mathrm{SUM})^2/n$	
水平和	$\mathrm{SUM}_j = \sum_{i=1}^{m_j} y_i$	j 为试验水平号，m 为实施实验数
水平均值	$\mathrm{SUM}M_j = \mathrm{SUM}_j/m_j$	m_j 为该水平实施实验数，下同
水平均方	$SS_j = (\mathrm{SUM}_j)^2/m_j$	
水平效应	$\mathrm{Eff}_j = \mathrm{SUM}M_j - \mathrm{MEAN}$	
总自由度	$f_T = n - 1$	
因子（列）自由度	$f_i = L_i - 1$	L_i 为该因子实际实施水平数
误差自由度	$f_e = f_T - \sum f_i$	对有效实验因子求和
总方差	$S_T = SS - CF$	
因子（列）方差	$S_i = SS_i - CF$	
误方差	$S_e = S_T - \sum S_i$	对有效实验因子求和，作为误差的列不计
平衡误差	$v = S_T - \sum S_i$	对所有各列求和
F 检验值	$F_i = (S_i/f_i)/(S_e/f_e)$	

以上计算对任何设计可以在一张表中完成，典型例子参见第二部分有关应用例。

如果列被改性，则该列信息发生了变化。拟水平设计使该列水平减少，自由度减少，相应的方差损失并入误方差中。

$$方差损失 = 原列方差 - 拟水平列方差$$

自由度损失并入误差自由度，则有

$$自由度损失 = 原列水平数 - 拟水平列水平数$$

9.4　齐整正交表的特点与局限性

正交表 OA 具有均衡分散、齐整可比的特点，试验点是均匀分布的。在这里，水平只是一个符号，正交表不仅能用于研究定性变量，也可以用于研究定量性变量，只要把定量变量的不同试验点定义为水平即可和定量变量一样做方差分析。正交表不仅可以估计因子的效应，还可以估计出因子的水平的效应。把 OA 的水平数字化，映射到实欧氏空间中，中心化后便成为实欧氏空间中的正交设计矩阵，既可以用方差分析也可以用回归分析处理数据。

正交设计实际上使用的是析因模型，它是析因实验的全实施或部分实施，使过程机理不太清楚的课题没有数学模型的烦恼。实验数目相对于传统的试验设计少得多。方差分析计算简单，没有计算机也可以计算，简便快捷，便于推断，便于推广。因为设计是正交的，回归分析无需作逐步回归分析。

OA 为当今公认的好试验设计，极大地推动了 20 世纪以来的科学实验方法的进步，促进了科学技术的发展。

正交表也有某些需要改进的地方。例如，它的严格结构不允许随意改动，不允许任意增加列。用法上有严格的规范，必须遵守，否则会导致错误的结论。正交表本身是规则的、有序的、对称的，缺乏随机性。由构造法则可知，列间存在着运算关系，这种运算关系意味着试验因子之间存在关系，导致效应混杂叠加，关系错综复杂。特别是使用张量积构造的表，混杂更严重。田口给他的正交表一个交互作用表指出了这种混杂关系，例如，$L_8(2^7)$交互作用列表和混杂设计表见表9.9。随试验设计安排的因素不同各列效应的混杂不同。安排三个和四个因素时的效应混杂情况列在表的下方。

实际的混杂关系远不止这么简单。以$L_8(2^7)$为例（多水平表的交互作用更加复杂），由列名算法，任何一列都混杂了多个其他因子的效应或交互效应，例如，$a=(ab)b=(ac)c=(abc)(bc)$表明，假如第一列安排因素A，该列除了主效应A之外，还混杂叠加了了(AB)B，(AC)C，(ABC)BC 等。

表 9.9　$L_8(2^7)$两列间的交互作用表

列号	1	2	3	4	5	6	7
	(1)	3	2	5	4	7	6
		(2)	1	6	7	4	5
			(3)	7	6	5	4
				(4)	1	2	3
					(5)	3	2
						(6)	1
因素数	效应混杂与叠加						
3	A	B	AB	C	AC	BC	ABC
4	A	B	AB	C	AC	BC	D
	BCD	ACD	CD		BD	AD	ABC

$L_8(2^7)$的每一列都是 4 个效应的叠加，即使基本列也不例外。如果不能排除某些效应，一组实验不能分离出这些效应，只能靠使用者辩证地判断，审慎地处理。这种混杂一般是隐性的。虽然田口表为我们提供了隐性分析的方法，但显然无法详尽地揭示出所有混杂效应。在对试验结果进行推断时，必须注意这种情况。如果不考虑具体情况，不作具体分析，一味地追求大而全的试验设计方法，可能最终会一无所获。这正是推广正交设计所面临的主要困难。例如，做二水平实验，为了尽可能覆盖更广的范围，人们往往将水平间隔设置得很大，这无疑增加了实验的风险。很多时候，实验结束后，我们往往得不到任何有价值的结论，推断结果与实际情况相去甚远。

生搬硬套用线性模型研究非线性过程，失败几乎是必然的。失败的原因其实很简单，如图 9.2 所示，回归平面就像一把大刀，将原本复杂的"峰"形态砍成了两截。回归平面上箭头所指方向为预报值增加的方向，但实际上它指向的是响应值降低的方向，验证结果必然大失所望。推断与实验大相径庭。不知其所以然者，不知道采取什么措施补救，便认为实验失败了，陷入茫然窘境，研究工作迷失方向。实际工作中，这一现象比较普遍。所以要特别当心二水平表。采用二水平正交表时，一定要限制实验在小范围内，笔者建议采用小区域实验法，把实验范围局限在一个较小的范围内。也称小扰动试验设计法。如果一定要在大范围内使用，必须在中间补充试验点，取得区域中间的信息，判断该过程是否适合用线性模型来做预报方程。

OA 的因子数与运行数的比例比较小，因而效率比较低。OA 的实验点重复度很高，这是获得正交性的必要措施。带来的问题是实验点密度比较低。一旦变量的水平数增多，实验数目按乘方级别增加。例如，假如有一个因子有 10 个水平，实验数就至少需要 100 个。

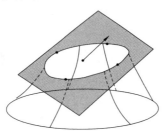

图 9.2　用线性模型研究有峰过程

第 10 章　均匀设计

如何克服正交设计的缺点，方开泰主张保留正交设计的均衡分散性，放弃其齐整可比性。认为用均匀设计可以克服正交设计的某些缺点，并于 1978 年发表了论文《均匀设计》[52]，正式提出了均匀设计的概念。

10.1　均匀设计的定义

让试验点在试验区域内充分"均匀分散"，这种从均匀性出发的设计就称之为均匀设计[52]。

迄今为止，均匀设计定义有多个版本，这里取其一。用数论给出的均匀分布定义如下。

约定布点原则[52]：设有 s 个因素，各有 q 个水平。

（1）每个因素的每个水平各做一次实验，共做 q 次实验。

（2）取自然数 a_1，$\cdots$，a_s，$(a,q)=1$，$i = 1$，$\cdots$，s。(a,b) 表示整数 a，b 的最大公约数。

在这个约定下，G_s 中的点列 $\{P_n(k), k = 1,2,\cdots,n\}$ 对任意的 $r = (r_1, r_2, \cdots, r_n)$ $\in G_s$，命 $N_n(r)$ 表示 $P_n(1), \cdots, P_n(n)$ 中落入多面体 $H(r) = \{x_1$，x_2，$\cdots$，$x_s(0 \leqslant x_i \leqslant 1$，$i = 1,2,\cdots,s)\}$ 中的个数，如果有

$$\lim_{n \to \infty} \frac{N_n(r)}{n} = |r| = \prod_{i=1}^{s} r_i \tag{10.1}$$

则称点列 $P_n(k)$ 在 G_s 上趋于均匀分布（或称一致分布）[52]。

10.2　均匀性判别准则

方开泰用偏差作度量，建立了均匀性判别准则。偏差的定义经历了几个

版本，我们节录 2001 年[54]的这一个。

在实验区域 C^m 布 n 个点 $\mathcal{P}_n = |\; x_k = (x_{k1}, \cdots, x_{kn}), k = 1, \cdots, n |$，令 $\boldsymbol{x} = (x_1, \cdots, x_s)^{\mathrm{T}} \in C^s$，$[0, x) = [0, x_1) \times \cdots \times [0, x_s)$ 为 C^s 中由原点 0 和 x 决定的矩形，令 $N(\mathcal{P}_n, [0, x))$ 为 $\mathcal{P}_n$ 中的点落入到 $[0, x)$ 中的个数，当 $\mathcal{P}_n$ 中的点在 C^s 中散布均匀时，$\dfrac{N(\mathcal{P}_n, [0, x))}{n}$ 应与 $[0, x)$ 的体积 $x_1 \cdots x_s$ 很接近，两者的差

$$D(x) = \left| \frac{N(\mathcal{P}_n, [0, x))}{n} - \mathrm{Vol}([0, x)) \right| \tag{10.2}$$

称为点集 $\mathcal{P}_n$ 在点 x 的偏差。所谓 L_p 偏差定义为

$$D_p(\mathcal{P}_n) = \left[\int_{C^s} \left| \frac{N(\mathcal{P}_n, [0, x))}{n} - \mathrm{Vol}([0, x)) \right|^p \mathrm{d}x \right]^{1/p} \tag{10.3}$$

当 p 趋向无穷大时，式（10.3）化为

$$D(\mathcal{P}_n) \equiv \max_{x \in C^s} \left| \frac{N(\mathcal{P}_n, [0, x))}{n} - \mathrm{Vol}([0, x)) \right| \tag{10.4}$$

从式（10.4）出发，经过改进、化简、转化，分别得到 $CD_2(P_n)$ 等 6 种偏差公式，详见文献[54]。直到 2011 年[55]，这些论述没有本质的变化。

10.3　均匀设计表

10.3.1　同余乘表

最早的一批均匀表构造方法称为同余乘法。下面这段程序运行所得结果与所见到的同余乘均匀表相同[52, 53]。

```
Sub uTable (rows ,cols ,u())    '这是一个 VB 程序
Dim i， j， q
cols = 1
For i=0 To rows -1
u(i,0)=i+1      '第 1 列为基本列
Next i
Fori=1 To rows-2    '最多比行数少一列
If IsMutuallyPrime(i+1,rows)Then    '函数 IsMutuallyPrime 需另行编写
cols=cols+1    '列号与行数非互素时构造该列
```

```
For j= 0 To rows -1
q=(i+ 1)* u(j, 0)Mod rows
If q=0 Then q=rows
u(j, cols-1)=q
Next j
End If
Next i
End Sub
```

偶行数表均为对应奇行数表删除最后一行得到，典型的同余乘表例子如下。$U_7(7^6)$删去最后一行即得 $U_6(6^6)$。

$U_6(6^6)$：

$$
\begin{matrix}
1 & 2 & 3 & 4 & 5 & 6 \\
2 & 4 & 5 & 1 & 3 & 5 \\
3 & 6 & 2 & 5 & 1 & 4 \\
4 & 1 & 5 & 2 & 6 & 3 \\
5 & 3 & 1 & 6 & 4 & 2 \\
6 & 5 & 4 & 3 & 2 & 1
\end{matrix}
$$

$U_7(7^7)$：

$$
\begin{matrix}
1 & 2 & 3 & 4 & 5 & 6 \\
2 & 4 & 6 & 1 & 3 & 5 \\
3 & 6 & 2 & 5 & 1 & 4 \\
4 & 1 & 5 & 2 & 6 & 3 \\
5 & 3 & 1 & 6 & 4 & 2 \\
6 & 5 & 4 & 3 & 2 & 1 \\
7 & 7 & 7 & 7 & 7 & 7
\end{matrix}
$$

把 1994 年科学出版社出版的《均匀设计与均匀设计表》一书中刊出的均匀表列为第二版均匀表。这个版本同前面的比较，区别在于删去了一些完全相关或极高相关列。

10.3.2 第三版均匀表

刊于香港浸会大学网站上（http://www.math.hkbu.edu.hk/ uniformDesign/ ）的均匀设计表，构造方法和结果都与同余乘表不同[54]。案例如下。

$U_6^*(6^5)$：

```
1 3 1 4 2
2 6 4 3 6
3 1 6 5 4
4 4 1 1 1
5 2 2 2 5
6 5 3 6 3
```

$U_7^*(7^6)$:

```
1 1 3 6 3 4
2 7 5 4 7 3
3 3 6 1 4 7
4 6 1 3 1 5
5 4 7 5 2 1
6 2 2 2 6 2
7 5 4 7 5 6
```

10.3.3 第四版均匀表[55]

第四版（固定水平）均匀表。案例见图 10.1。

Alias	x0	x1	x2	x3	x4	x5	x6	x7	Pmax		.3318	.6193	.3318	8295	.3318	8295	.6193
1	1	1	1	3	2	3	2	1	mcc		.1667	.3333	.1667	.5	.1667	.5	.3333
2	1	2	1	1	1	2	3	2	0		-.1667	.3333	0	.1667	-.1667	.1667	.3333
3	1	3	3	3	2	2	1	2	1			0	-.1667	.5	.1667	-.5	.3333
4	2	1	3	1	1	1	2	1	2				0	0	-.1667	0	-.1667
5	2	3	1	2	3	1	1	2	3					.1667	0	-.1667	0
6	2	3	2	1	3	3	2	3	4						0	0	0
7	3	1	2	3	2	1	3	1	5							-.1667	.1667
8	3	2	2	2	1	3	1	3	6								-.1667
9	3	2	3	2	3	2	3	1	7								

（a）相关矩阵

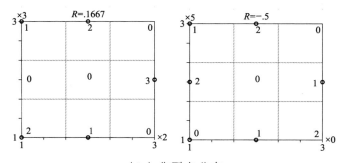

（b）典型点分布

图 10.1 一个 9 运行 3 水平均匀表的相关矩阵及其典型点分布

10.4　均匀设计表的均匀性现状

第一版均匀表的均匀性很差，几乎每一列都有另一列与之相关或高相关，第二版删除了那些相关或高相关列。概言之，偶行数表其秩不超过行数的二分之一，奇行数表的高度相关列数不低于行数的二分之一。当行数达到 19，对称列的相关系数（0.7）已经接近相关系数临界值 $r_{0.001}$ 的水平。当实验数达到 51（即 $k=50$），对称列的相关系数已经达到 0.885，显著性水平（$<10^{-9}$）与 0 非常接近，置信水平 P 值接近于 1。必须指出，不仅是对称列，其他的某些列之间的相关性也是很强的，如果不想使设计处于高相关状态，可用列将越来越少，证明从略。

第三版均匀表的构造方法有显著的变化，类似于零相关超立方矩阵，但没有发现零相关子阵，关于零相关与弱相关设计的概念，见第 11 章。

第四版均匀表主要包含固定水平设计，以表 $u_9(3^8)$ 为例，列出其统计性能，见图 10.1。从该设计的相关矩阵（图 10.1 的上方）可以看出，虽然稀疏出现一些零相关的向量对，这是偶然出现的，即使忽略 $P=0.619\,3$ 的那些，相关系数中也出现了两个，其对应的 P 值为 0.829\,5，说明其相关性很强。这些点的分布不均匀。比较具有相同运行数固定水平弱相关矩阵（见图 10.2）。

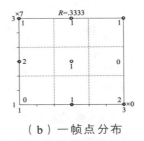

（a）相关矩阵

（b）一帧点分布

图 10.2　W_9-f5o_31 的相关矩阵及其一帧点分布

图 10.1 的下边列出了两幅典型的点阵分布图，图中标注了该点的重复出现次数，0 表示这个位置上没有出现点，3 表示该位置上出现了 3 次。

均匀设计是个好概念，其存在性与构造方法问题迄今尚未解决。使用现有均匀表时必须避开那些相关列和高相关列。

10.5　概率论的均匀分布理论

10.5.1　一元随机变量的均匀分布

本节内容摘自复旦大学数学系主编《概率论与数理统计》(第二版)。如果一个质点落在(a,b)中任何区间内的概率与这个区间的长度成正比，则称这个随机变量 ξ 服从均匀分布[36，37]。

$$F(x) = \begin{cases} 0, & x < a \\ (x-a)/(b-a), & a \leqslant x < b \\ 1, & x \geqslant b \end{cases}$$

换一种写法，分布函数为

$$F(x) = \int_{-\infty}^{x} p(u)\,\mathrm{d}u$$

分布密度函数为

$$p(x) = \begin{cases} 1/(b-a), & a < x < b \\ 0, & 其他 \end{cases}$$

其数学期望与方差分别为 $E(x) = (a+b)/2$，$D(x) = (b-a)^2/12$。

10.5.2　二元随机变量的均匀分布

设 D 是平面上的有界区域，面积为 A，若二维随机变量(X,Y)具有概率密度

$$f(x,y) = \begin{cases} 1/A, & (x,y) \in G \\ 0, & 其他 \end{cases}$$

则称(X,Y)在 D 上服从均匀分布。

下面是一个著名的习题[56]。

设随机变量(ξ,η)在矩形区域 D: $\{[a,b];[c,d]\}$内服从均匀分布。

（1）求联合分布密度及边际分布密度。

（2）检验随机变量ξ与η是否独立。

（3）求(ξ,η)的联合分布函数。

解：

（1）依题意可设(ξ,η)的联合分布密度为

$$\varphi(x,y)=\begin{cases} C, & a\leqslant x\leqslant b, c\leqslant y\leqslant d \\ 0, & \text{其他} \end{cases}$$

按分布密度性质有

$$1=\int_{-\infty}^{+\infty}\varphi(x,y)\mathrm{d}x\mathrm{d}y=C(b-a)(b-c)$$

$$C=\frac{1}{(b-a)(d-c)}$$

故联合分布密度为

$$\varphi(x,y)=\begin{cases} \dfrac{1}{(b-a)(d-c)}, & a\leqslant x\leqslant b, c\leqslant y\leqslant d \\ 0, & \text{其他} \end{cases}$$

（2）为了检验ξ，η是否独立，求出它们的边际分布密度。在矩形 D 上有

$$\varphi_\xi(x)=\int_{-\infty}^{+\infty}\varphi(x,y)\mathrm{d}y=\int_c^d\frac{1}{(b-a)(d-c)}\mathrm{d}y=1/(b-a)$$

$$\varphi_\eta(y)=\int_{-\infty}^{+\infty}\varphi(x,y)\mathrm{d}x=\int_a^b\frac{1}{(b-a)(d-c)}\mathrm{d}x=1/(d-c)$$

即

$$\varphi_\xi(x)=\begin{cases} 1/(b-a), & a\leqslant x\leqslant b \\ 0, & x<a \text{ 或 } x>b \end{cases}$$

$$\varphi_\eta(y)=\begin{cases} 1/(d-c), & c\leqslant y\leqslant d \\ 0, & y>c \text{ 或 } y>d \end{cases}$$

可见，不论(x,y)如何，总有$\varphi(x,y)=\varphi_\xi(x)\varphi_\eta(y)$，即$\xi$与$\eta$是独立的随机变量。

（3）ξ, η 的联合分布函数是

$$F(x,y)=\int_{-\infty}^{x}\int_{-\infty}^{y}\varphi(x,y)\mathrm{d}x\mathrm{d}y$$

当 $x<a$ 或 $y<c$ 时，积分区域内 $\varphi(x,y)=0$ ，此时

$$F(x,y)=0$$

当 $a\leqslant x\leqslant b$，$c\leqslant y\leqslant d$ 时，

$$F(x,y)=\int_{c}^{y}\mathrm{d}y\int_{a}^{x}\frac{1}{(b-a)(d-c)}\mathrm{d}x=\frac{(x-a)(y-c)}{(b-a)(d-c)}$$

当 $x>b$，$c\leqslant y\leqslant d$ 时，

$$F(x,y)=\int_{c}^{y}\mathrm{d}y\left[\int_{a}^{b}\frac{1}{(b-a)(d-c)}\mathrm{d}x+\int_{b}^{x}0\mathrm{d}x\right]=\frac{(y-c)}{(d-c)}$$

当 $a\leqslant x\leqslant b$，$y>d$ 时，

$$F(x,y)=\int_{a}^{x}\mathrm{d}x\left[\int_{c}^{d}\frac{1}{(b-a)(d-c)}\mathrm{d}y+\int_{d}^{y}0\mathrm{d}y\right]=\frac{(x-a)}{(b-a)}$$

当 $x>b$，$y>d$ 时，

$$F(x,y)=\int_{a}^{b}\mathrm{d}x\int_{c}^{d}\frac{1}{(b-a)(d-c)}\mathrm{d}y=1$$

10.5.3 多元随机变量的均匀分布

不难将概率论关于均匀分布的定义引申到多元随机变量：

1. 多元随机变量均匀分布的定义

设 D 是 p 维有界区域，体积为 V。若随机变量 $\xi=(\xi_1,\cdots,\xi_p)$ 具有联合分布密度

$$f(x_1,x_2,\cdots,x_p)=\begin{cases}1/V, & (x_1,x_2,\cdots,x_p)\in D\\ 0, & \text{其他}\end{cases}$$

则称 ξ 在 D 上服从均匀分布。

2. 多元随机变量均匀分布的数字特征

均匀分布的多元随机变量 $\xi = (\xi_1, \cdots, \xi_p)$ 在矩形区域 D: $\{a_i, b_i \mid i = 1, 2, \cdots, p\}$ 上具有性质：

（1）ξ 的数学期望 $E(\xi) = (E(\xi_1), \cdots, E(\xi_p)) = \{(a_i + b_i)/2 \mid i = 1, 2, \cdots, p\}$。

（2）ξ 的方差是一个单位矩阵 I，且 ξ_i 相互独立。

10.6　均匀设计存在性问题的讨论

10.6.1　均匀设计存在的必要条件

概率论的均匀分布理论是经典的，概率论的均匀分布的条件（1）、（2）作为均匀分布的数字特征应当得到认同。如果试验设计是均匀的，作为多元随机变量的试验设计就满足条件（1）、（2）。它的相关矩阵是一个单位矩阵 I，而且变量是独立的。这个条件比单纯的相关矩阵是单位矩阵的条件更强。不仅用最小二乘回归方法估计的回归系数之间没有相关性，而且参数的估计计算很简单。

根据条件（2），均匀设计应当是零相关的。可以得到结论，均匀设计 X 存在的必要条件是 X 是零相关的。均匀设计是零相关设计的子集，其任何两列都应该零相关。

下一章我们将证明，对于基本水平向量 $h = (1, 2, \cdots, n)^{\mathrm{T}}$，当 $n = 4k + 2$（k 为非负整数），零相关矩阵不存在，则相应的均匀设计也不存在。当均匀设计不存在，可以在弱相关设计中寻找符合均匀性准则的子集作为均匀设计的近似解。

下一章我们将严谨地定义零相关和弱相关阵列的概念并研究其存在性与构造方法问题。

10.6.2　偏差不是均匀性的准确度量

按照概率论的均匀分布理论，"如果多元随机变量 $\xi = (\xi_1, \cdots, \xi_p)$ 在矩形区域 D 上的分布是均匀的"，那么它就具有在 10.5.3 节中描述的数字特征。这个逻辑命题的正命题是一个肯定判断，所以逆否命题也是正确的。如果不具有前面的前提条件："在矩形区域 D 上的分布是均匀的"，就不具有这些特征。但逆命题不真，因而它不是判定设计是否均匀的充分条件。试验点均匀地分布的设计其相关矩阵一定是单位矩阵，这是正命题的推论。如果设计的相关矩阵不是单位矩阵，则这个设计不是均匀的，这是这个推论的逆否命题。零相关性不是判断设计是否是均匀的充分条件。

同理，"如果设计布点是均匀的，它的偏差应当不会很大。"这个逻辑命题的正命题是一个肯定判断，所以逆否命题也是正确的。如果设计布点不均匀，偏差会很大。但逆命题不真，因而它不是判定设计是否均匀的充分条件，不能作为判别准则。用作均匀性度量的正是其逆命题："如果偏差不是很大，设计就应当是均匀的。"在逻辑上不成立。

什么叫作偏差很大或不是很大，什么叫作偏差小，迄今没有定义临界值。以 U_{19} 为例，它有两个版本，参见图 10.3。右边这个被称为改进型。改进前的左边这个版本没有发现完全相关的向量，但偏差大到 0.385 0。想降低偏差，推出右边这个版本，安排 5 个因子，偏差确实降低了（0.189 7），但有三对向量完全相关，极不均匀。5 因子设计方案包含两对完全相关向量(3,6; 4,5)。不含完全相关向量的三因子设计比之包含三对完全相关向量的设计，其均匀性应当更优。较均匀的其偏差很大（0.284 5），极其不均匀的其偏差却较小（0.189 7）。这是一个矛盾。这不是个例，类似情况很多。这个矛盾证明偏差不能作为判断该试验设计是否均匀的判别准则。

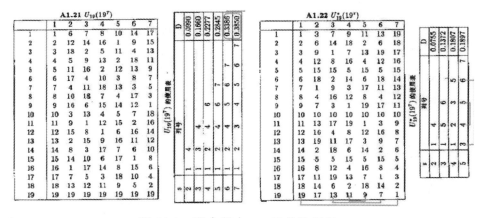

图 10.3　两个版本 U_{19} 及其使用表

现有的四个版本的均匀表中没有发现任何一个均匀设计表满足均匀分

布的必要条件。究其原因，六种偏差的导出都是从一个多重积分（10.4）出发，经过改进、化简、转化得到。这些改进，化简和转化磨损了其作为均匀性度量的准确度。根据计量法，残缺的"尺子"不能作为计量标准。迄今没有找到均匀设计存在的充分条件，也没有找到均匀性判别准则的准确度量，更没有均匀性判别准则。

>>>>>>>>>>

第 11 章　零相关与弱相关试验设计

11.1　拉丁超立方与正交拉丁超立方

McKay 等[58]、将每个变量 x_k 的范围按概率均匀地划分为 n 层，每层采样一次，并称之为拉丁超立方采样（LHS）。

Ye 等[59]、Steinberg 和 Lin[67]让拉丁超立方设计（LHD）的每个 x_k 包含 n 个等间距的水平，并定义满足第 9 章的条件（9.3）的 LHD 为正交拉丁超立方设计（OLHD），并且构造出了某些 OLHD。一些学者定义了邻近正交（NOLH）的概念[60]。Xu[61]研究 OA 的构造方法时，在 OA 的基础上增加非正交列，使之成为邻近正交阵列，记作 OA'。

以上这些 OLHD 和 NOLH 都与统计临界值没有关联，存在很多问题。

11.2　零相关设计与弱相关设计的定义

对于一个 $n \times m$ 维设计矩阵 $\boldsymbol{X} = (\boldsymbol{x}_1, \cdots, \boldsymbol{x}_m)$，两个向量 $\boldsymbol{x}_i$ 与 $\boldsymbol{x}_j$ 之间的相关系数 $r_{ij} = \mathrm{corr}(\boldsymbol{x}_i, \boldsymbol{x}_j)$ 强或者弱，应该有标准。需要定义临界值。所有的统计都应该进行统计检验，符合统计规范。

如果两个 n 维向量的相关系数 r 小于相关系数临界值 $r_\alpha(n-2)$，则说它们的相关性显著性水平不小于 α。相反，如果 $r \geq r_\alpha(n-2)$，则它们的相关性显著性水平达到或超过了 α。α 没有小到一定的数量不能认为相关性认定有意义。记相关矩阵 $\boldsymbol{R}$ 中绝对值最大的非主对角线元素为

$$mcc = \max\left\{ \left| r_{ij} \right| (i \neq j; i, j = 1, 2, \cdots, m) \right\} \tag{11.1}$$

如果 mcc 大于相关系数临界值 $r_\alpha(n-2)$，则该设计至少有两个列向量相关性的显著性水平小于 α。相关性置信水平 P 将大于 $1-\alpha$。当 P 值足够大，该设计是高相关设计，当 $P=1$，是完全相关的。当 P 足够小，小于某

个足够小的实数，该设计被称为弱相关设计，$P=0$ 时，该设计被称为零相关设计。

临界值依赖于两个参数，显著性水平 α 和自由度 $(n-2)$。这类临界值表在各种统计学著作和统计常数表中都可以找到[33、34、46、40]。也有近似计算方法[66]，结果与常用数理统计表吻合。

置信水平门槛值 $P_{doorsill}$ 由应用对象的相关性要求来确定。统计学规定当 $P \geqslant 0.95$ 认为该设计的置信水平大于 0.95。当 $P \leqslant 0.05$ 以 0.95 的置信概率认为该设计的相关性是弱相关的。在某些情况下，如果其结果经得起实验的检验，$P \leqslant 0.30$ 也可以看作是弱相关的。如果涉及人身安全之类的重大问题，应该设定高的门槛。

基于均匀性与随机性的要求，某些矩阵的二维点阵的点仅仅分布在一两条直线上，甚至也是正交的或者是零相关的或者是近似正交与近似零相关的，这些矩阵不应该被接纳为正交设计或零相关设计。一个试验设计 X 是一个区别于一般正交矩阵的正交设计，它不仅列正交，边际分布是均匀的，联合分布也应该是均衡的。如果过分地违反了均匀性与随机性要求，这个矩阵不能认为是正交设计。所谓"过分"难以界定，目前没有判别准则。但是，某些矩阵是容易判定的。例如，"×"形分布，其点阵分布是近似两条交叉的直线。排除这类分布的理由是，二次曲面的准线是两条直线，"×"形或两条平行线。用二次函数拟合非线性过程是常用的。在数据处理过程中，面对实验样本，首先假设它是线性的。这个假设要接受检验，当检验否定线性假设，常常用二次函数来拟合以估计极值点的大概位置。在准线上或准线两旁附近取样，试验点聚集在等高线附近，必然把曲面判定为平面。此时找不到极值点，推断是假的，实验必然失败。

我们没有规定 X 的因子的水平必须是均匀分布的，水平设计可以不是均匀分布的。如果一个设计是一个正交矩阵，点阵分布均衡分散。例如，随机设计正交化后的矩阵，满足 7.2.1 节推论 7.2 的要求。但是我们现在构造试验设计模板总是假设边际分布是均匀的，而且分点距离为 1。通过线性变换可以调整到实欧式空间中的任何所需的位置。

11.3　零相关设计与正交设计之间的关系

在实欧氏空间中，$n \times m$ 设计 $X = (x_1, \cdots, x_m)$ 如果满足关系

$$X^T X = I_m \tag{11.2}$$

则称 X 是正交的。

如果 X 的相关矩阵满足关系

$$R = I_m \tag{11.3}$$

则称 X 为零相关的。

正交设计的相关矩阵也是单位矩阵 I，所以，正交设计也是零相关的，它是零相关设计的特例。

由于对每个 x_i 的方差有非 0 的要求。如（11.4）所示的对角矩阵是正交的，它也是正交设计，可用于因子筛选。但不是零相关的。所以，不是所有正交矩阵都是零相关的，正交与零相关是两个不完全等同的范畴。

$$\begin{bmatrix} 1 & 0 & 0 & 0 \\ 0 & 1 & \cdots & 0 \\ \vdots & \vdots & & \vdots \\ 0 & 0 & \cdots & 1 \end{bmatrix} \tag{11.4}$$

在 n 维实欧氏空间中的线性变换

$$x \leftarrow x - a, \ (x \in X) \tag{11.5}$$

是一个平移变换，其中 a 为常数。它实现向量 x 的平行移动，而不改变其方向和长度。将 X 的所有列向量做这一变换，将改变 X 的位置，而不改变 X 的列向量之间的夹角，从而不改变 X 的相关矩阵。当 $a = \bar{x}$，变换（11.5）被称为中心化变换。它把 X 变为每个列向量 x 的中点在系统的坐标原点 $(0,0,\cdots,0)^T$，把零相关阵列变成正交阵列，且仍然是零相关的，我们可以称其为零相关正交阵列，以区别于非零相关的正交阵列。

线性变换

$$x \leftarrow x/b \tag{11.6}$$

其中，b 为非零常数，这是一个伸缩变换。它实现向量 x 的伸缩，改变该

向量的长度 $\|x\|$ 而不改变其方向，也不改变 X 的相关矩阵。

从正交设计或者零相关设计出发适当选择参数 a 和 b，综合运用线性变换（11.5）和线性变化（11.6），可以实现实欧氏空间中的任何设计。试验设计很少是在0点附近关于0点对称的。试验设计时必须做这样的变换。变换之后，相关矩阵不变。回归分析过程中为了加快回归扫描的速度并提高计算的精度，构造增广矩阵时也包含这样的变换，称为标准化线性变换。

$$x_i \leftarrow \frac{x_i - \overline{x}_i}{\|x_i\|} \qquad (11.7)$$

它也不改变设计的相关矩阵。这就体现了上述线性变换的意义，也体现了正交与零相关设计之间的关系的亲密性。这些算法在第 7.2.2 节的回归分析求解计算过程中已经使用了。

只要零相关设计存在，将零相关设计中心化就得到了相应的正交设计，所以相应的正交设计存在，可以把零相关设计视同正交设计。

11.4　零相关设计的存在性

一个 $n \times m$ 维零相关设计 $X = (x_1.x_2,\cdots,x_m)^T$ 的任意两个列向量 x_i，x_j 满足条件

$$spd_{ij} = 0 \quad (i \neq j; i, j = 1, 2, \cdots, m) \qquad (11.8)$$

参见式（7.32），由线性代数学结果，已知 X 的一个列向量 $x_i \in S$，求另一个向量 x 使

$$(x_i, x) - cf = \sum_{k=1}^{n} x_{ki} x_k - n\overline{x}_i \overline{x} = 0 \quad (i \neq j, i, j = 1, 2, \cdots, m) \qquad (11.9)$$

在实欧氏空间中一定有解存在，但不一定在 S 中。换句话说，方程组（11.9）在 S 中不一定有解。

沿用第9章的约定，现在我们定义因子 x_k（$k = 1, 2, \cdots, m$）的水平数为 s_k，定义 λ_k 为水平重复数，即 $\lambda_k = n/s_k$。记因子的实验区间 $[a_k, b_k]$ 的一个 s_k 点分划方案为 $L_k = (h_1, h_2, \cdots, h_{sk})$，并且分划是等间距的（本章中用 L 代表水平设计向量，不是矩阵）。不失一般性，可以是 $L_k = (1, 2, \cdots, s_k)$，$s_k$ 是最大

水平。在试验设计时，可以用线性变换变换到任何所需的位置和矩形区域而不改变设计的相关矩阵。由于对不同的运行规模，置换集合大小不同，我们记 h_i 生成的置换集为 S_{ni}，n 表明其维数，i 标注其所属因子号，在不致误会的情况下可以不标注下标 ni。

我们研究三种情况：

（1）$\lambda_k = 1$，$s_k = n$，$\forall h = h_k = L_k$，定义了超立方阵列（Hypercube），或简称 H 类型设计；

（2）$s_k = n/\lambda_k$，$\lambda_k \neq 1$，

$$h_k = (\underbrace{L_k, \cdots, L_k}_{\lambda_k})^{\mathrm{T}}, \quad k = 1, 2, \cdots, m$$

如果所有各列 s_k，λ_k 相同，则定义了固定水平（Fixed-level）阵列，或简称为 F 类型设计。

（3）如果所有各列中至少有一列的 s_k，λ_k 与其他列不同，则定义了混合水平（Mixed-level）阵列，或简称 M 类型设计。

我们现在分别来讨论每一种情况下的零相关设计的存在条件。本书不讨论水平设计不为上述三种规则的情况。

把 OA 映射到实欧式空间之后，OA 变成了零相关阵列。在上述定义下的零相关阵列与从齐整 OA 映射过来零相关设计的不同在于它的试验点分布均衡分散但不具有齐整可比的特点。一般来说，零相关设计是一个比 OA 更大的范畴。因此，我们将称这样的零相关阵列为不齐整的零相关阵列，如果它存在，在不致误会的情况下，我们暂称它为 IOA（Irregular Orthogonal Array）。这里隐含了零相关与正交等价的约定。

引理 11.1 若零相关设计 X 存在，对所有 $i, j \in (1, 2, \cdots, m)$，$cf = n\bar{x}_i\bar{x}_j$ 为整数。

证明 因为 x 的诸分量都是整数，内积 (x_i, x_j) 一定是正整数，如果 $cf = n\bar{x}_i\bar{x}_j$ 不是整数，式（11.9）恒不能成立。

11.4.1 零相关超立方设计的存在性

定理 11.1 超立方类型零相关设计存在的必要条件是运行数 n 为大

于 3 的奇数或 4 的倍数。当运行数具有形式 $n=4k+2$（k 为非负整数）时不存在超立方零相关设计。

证明 由引理 2.1，$cf = n(1+n)^2/4$。显然，当 n 是 4 的倍数，$n=4k$，其中 k 为正整数，$cf = k(1+n)^2$ 一定是整数。

当 n 是大于 3 的奇数，$1+n$ 为偶数，$(1+n)^2$ 一定是 4 的倍数，cf 一定是整数。

当 $n=4k+2=2(2k+1)$，$cf = (2k+1)(4k+3)^2/2$，这个式子的分子是个奇数，cf 显然不是整数。

n 不能是 3，当 $n=3$ 时，$cf=12$，S 中只有 6 个向量，可以直接验证，任何两个的相关系数不等于零，H 类型零相关设计不存在，引理条件不充分。

猜想 11.1 猜想 $n \neq 4k+2$ 时零相关超立方设计存在。

对于 $4 \leqslant n \leqslant 37, (n \neq 4k+2)$，H 类型零相关设计都已经被构造出来，对更大的正整数 $n(n \neq 4k+2)$ 可以通过扩展构造法构造出来，参见第 12 章的讨论。当 n 趋向无穷大时，两个向量的相关系数如何定义是一个问题，所以不讨论 n 为任意大整数时的零相关设计的存在性问题。

11.4.2 固定水平零相关设计的存在性

定理 11.2 s 水平零相关阵列存在的必要条件是运行数 n 是 4 的倍数或水平数 s 是大于 1 的奇数，当 n 不是 4 的倍数且 s 为偶数时，不存在固定水平零相关阵列。

证明 x 的均值为 $\dfrac{1+s}{2}$，

$$cf = n\bar{x}_i\bar{x}_j = n\frac{(s+1)^2}{4} \tag{11.10}$$

由引理 11.1，要想零相关设计存在，cf 必须为整数。

（1）由式（11.10）可知，当 $n=4k$，由于 s 是正整数，$k(s+1)^2$ 为正整数，cf 一定为整数。

（2）一旦 s 为大于 1 的奇数，$s+1$ 必为偶数，$(s+1)^2$ 必为 4 的倍数，不管 n 是什么数，cf 必为整数。

（3）当正整数 n 不是 4 的倍数，则 n 要么为奇数，要么为 2 的奇倍数偶数。

若 n 为奇数，它不可能有偶因素，则 s 必为奇数，属于（2）讨论过的情况，cf 必为整数。

当 n 为 2 的奇倍数偶数，即 $n=2(2k+1)$，它同时存在奇因素和偶因素。当 s 为奇数，属于（2）讨论的情况，不赘述；当 s 为偶数，$s+1$ 必为奇数，$(s+1)^2$ 亦为奇数，$cf = (2k+1)\dfrac{(s+1)^2}{2} = (k+0.5)(s+1)^2 = k(s+1)^2 + 0.5 \times odd$ 必不是整数。

综上所述，当 n 不是 4 的倍数且 s 为偶数时，cf 不是整数，零相关固定水平阵列不存在。

零相关超立方是特殊形式的固定水平阵列，所有因子的水平数是 $s=n$，$\lambda=1$。

猜想 11.2 设 k 为大于 1 的有限整数，若 $n=4k$，猜想 k 水平零相关设计存在。例如，12 是 4 的倍数，有 2、3、4、6 等非 1 因素，2、3、4、6 等固定水平零相关阵列都已经构造出来，见附录。

引理 11.2 设 $X=(x_1,\cdots,x_m)$ 是一个 $n \times m$ 零相关正交阵列，拼接一个常数向量 a 成为 $n \times (m+1)$ 阵列，矩阵 $(a,X)=(a,x_1,\cdots,x_m)$ 仍然是正交的，但不是零相关的。

证明 X 是零相关正交阵列，

$$x_i^\mathrm{T} x_j = 0, \ n\bar{x}_i \bar{x}_j = 0, \ \forall(i \neq j)$$

而且

$$\sum_{i=1}^{n} ax_i = a\sum_{i=1}^{n} x_i = an\bar{x}_i = 0, (\forall i)$$

所以，矩阵 $(a,X)=(a,x_1,\cdots,x_m)$ 是正交的。

这意味着一个正交阵列允许拼接一个非 0 常数列。但是常数列的方差为 0，不满足相关系数的定义，矩阵 $(a,X)=(a,x_1,\cdots,x_m)$ 不是零相关的。

由此引理，如果 $X=(x_1,\cdots,x_{n-1})$ 是一个二水平零相关正交阵列，其两个水平分别记作"＋"和"－"，拼接全"＋"向量做第一列，所得结果即为 Hadamard 矩阵。这种 Hadamard 矩阵与由齐整二水平 OA 出发构造出来的 Hadamard 矩阵的不同在于他的点阵不是齐整的。我们将称之为不齐整 Hadamard 矩阵。

容易得到以下推论。

推论 11.1 如果二水平 $n \times (n-1)$ 零相关阵列存在,则 n 阶 Hadamard 矩阵存在。

推论 11.2 如果 n 阶不规则 Hadamard 矩阵存在,阶数 n 为 4 的倍数。

这是定理 11.2 的直接结果。不存在 $n=1$ 和 $n=2$ 的二水平零相关阵列,所以 1 阶和 2 阶不规则 Hadamard 矩阵不存在。除此之外,推论与 OA 的结果一致[48]。用 iH_n 记 n 阶不规则 Hadamard 矩阵,iH_4,iH_8,iH_{12},iH_{16},iH_{20},iH_{24} 已经找到。iH_8 示于表 11.1 中,"$-$""$+$"的出现没有规律性。

表 11.1　8 阶不规则 Hadamard 矩阵

```
+  +  -  +  -  +  +  +
+  -  +  +  +  +  -  -
+  +  +  -  +  +  +  +
+  -  +  -  -  -  +  +
+  +  +  +  -  -  -  -
+  -  -  +  +  -  +  +
+  +  -  -  +  -  +  -
+  -  -  -  -  +  -  -
```

推论 11.3 若 n 不是 4 的倍数,k 水平零相关阵列存在的必要条件是 k 为 n 的奇数约数。

如果 n 不是 4 的倍数,只有两种情况,在定理 11.2 的证明过程中已经讨论过了。

例如,10 有 2,5 等非 1 因素。2 不是奇数,iH_{10} 不存在;而 5 是大于 1 的奇数,10 行 5 水平 iOA 存在,见表 11.2。

表 11.2　W10-f7o_5 – 7

```
3  3  5  1  5  5  3
3  4  2  4  3  5  3
2  1  3  2  1  4  5
2  2  1  5  5  3  4
4  4  5  4  4  1  5
5  3  4  5  1  4  2
1  5  3  3  3  3  1
4  5  1  1  2  2  4
5  1  2  2  4  2  1
1  2  4  3  2  1  2
```

推论 11.4 若 $n=4k+2$，仅当水平数为奇数时固定水平正交阵列存在。

这是定理 11.2 的直接结果，n 不是 4 的倍数，没有偶数固定水平正交阵列。

11.4.3 混合水平零相关设计的存在性

定理 11.3 设 x_i，x_j 是 X 的某两个列向量，分别具有 h_i, h_j 水平，$h_i \neq h_j$，$\lambda_s = n/h_s, (s=1,2)$，二者都是正整数，至少有一个不等于 1。列的水平设计具有形式

$$\underbrace{(L_s, \cdots, L_s)}_{\lambda_s}{}^{\mathrm{T}}, \quad s = i, j$$

其中，$L_s = (1, \cdots, h_s)^{\mathrm{T}}$，$x_i$，$x_j$ 零相关的必要条件是它们至少符合下列 4 个条件之一：

（1）n 为 4 的倍数。

（2）$1+h_i$ 或 $1+h_j$ 是 4 的倍数。

（3）$1+h_i$ 和 $1+h_j$ 都是 2 的倍数。

（4）n 为 2 的倍数，$1+h_i$ 或 $1+h_j$ 是 2 的倍数。

x_i，x_j 定义在整数域中，$\bar{x}_s = (1+h_s)/2, s=i,j$，由引理 11.1 可得

$$n\bar{x}_i\bar{x}_j = n\frac{(1+h_i)(1+h_j)}{4} \tag{11.11}$$

应当是整数。上述结论是显然的。这个结果意味着以下几点：

（1）如果运行数 $n=4k$，其中，k 为非负整数，s 个整数 a_1，a_2，$\cdots$，a_s 是 n 的约数，不管它们是否为奇数，以这些整数为列的水平数构成一个不规则正交阵列是可期待的。例如，$n=12$ 是 4 的倍数，它有 12、2、3、4 和 6 等非 1 约数，一个 12 行 5 列的混合水平 iOA 例子展示在图 11.1 中。

（2）如果运行数 n 不是 4 的倍数，有两种可能：n 为奇数或具有 $4k+2$ 的形式。如果 n 为非素奇数，它将只有奇数因子。按照定理 11.3 的结论（3），相应因子构造出正交列是可期待的。按照定理 11.3 的结论（2），某些因子 a 使 $1+a$ 是 4 的倍数，这样的因子与某些其他因子构造出正交列也是可期待的。

Alias	x0	x1	x2	x3	x4	x5	x6	x7	x8	x9	x10
1	1	2	2	3	3	4	1	1	3	2	3
2	6	1	2	4	4	4	4	3	3	4	4
3	10	2	1	4	4	2	1	4	4	3	2
4	4	1	3	5	2	3	3	4	4	3	1
5	9	1	3	2	2	1	1	1	1	4	1
6	5	2	3	5	1	1	2	3	3	4	2
7	11	1	1	3	1	2	3	4	2	4	2
8	7	1	2	1	4	2	2	2	2	1	1
9	2	1	1	3	3	1	2	3	2	4	3
10	3	2	1	1	3	4	2	4	4	2	4
11	12	2	2	6	2	4	1	2	1	3	1
12	8	2	2	4	3	4	1	2	1	1	2

						Pmax	0	0	0	0	0	.2126	.2222	.3562	.6111	.6533
						mcc	0	0	0	0	0	.0873	.0913	.1491	.2739	.2981
						mSpd	0	0	0	0	0	2	1	3	2	
						sSpd	0	0	0	0	0	6	2	5	9	12
	0	1	2	3	4	5	6	7	8	9	10
0		0	0	0	0	0	.0432	0	.0216	.0216	.0432
1			0	0	0	0	0	.1491	.1491	.2981
2				0	0	0	0	0	.0913	.0913	.2739	.0913
3					0	0	.0873	.0436	.0436	.0436
4						0	.0667	0	.0667	.0667
5							.0667	0	.0667	.0667	0
6								0	0	.0667	.1333
7									0	.0667	.0667
8										0	.0667
9											.0667
10											

图 11.1 　一个混合水平阵列例 W_{12}-m6o

（3）当 $n=4k+2=2(2k+1)$，至少有一个偶数因子和一个大于 1 的奇数因子。构造出不规则正交阵列是可期待的，如图 11.2 所示。

Alias	x0	x1	x2	Pmax		0	0
1	1	3	3	mcc		0	0
2	1	2	1		0	1	2
3	2	1	3	0		0	
4	2	1	2	1			
5	3	3	2	2			
6	3	2	1	3			
				4			

图 11.2 　6 运行混合水平设计

推论 11.5 　若 $n=4k+2$，混合水平阵列顶多包含一个偶数水平列。

证明 　假如 $n=4k+2$ 的 $n \times m$ 零相关阵列的第 i, j 列分别为偶数水平列，水平数 $h_i \neq h_j$，那么 $cf = (2k+1)(1+h_i)(1+h_j)/2$，因为三个奇数的乘积不可能是偶数，$cf$ 不可能是整数。

iOA 与齐整 OA 的固定水平与混合水平阵列的水平设计具有相同的形式，因此上述两个存在性定理也适用于齐整 OA。

11.4.4 　零相关阵列存在性问题的注

前面关于正交阵列的存在性问题的讨论基于引理 11.1。如果这个条件不能得到满足，零相关解不存在。如我们在前面讨论的，零相关阵列不存在，必不满足该条件。该条件之所以不能满足，仅仅因为某些运行数 n，$cf = n\bar{x}_i\bar{x}$ 的小数部分为 0.5。这个条件永远不能满足。回到相关系数的定义，当 n 足够大时，$(\boldsymbol{x}_i, \boldsymbol{x}_j) - n\bar{x}_i\bar{x}_j \neq 0$，但可以无限地趋近于 0，事实上，以超立方类型阵列为例，当 $n=4k+2$ 时，相关系数可以极小化的情况列于表 11.3 中。mcc 与 P 值达到 10^{-4} 的水平，它是多么小的相关性，我们不妨把这样的弱相关性当作零相关设计使用。

表 11.3　运行数为 $4k+2$ 时 mcc 极小化最小结果

	6	10	14	18	22	26	30	34	38
mcc	0.028 6	0.006 1	0.002 2	0.001	0.000 6	0.000 3	0.0.000 2	0.000 2	0.000 1
P_{max}	0.042 8	0.013 4	0.005 9	0.003 2	0.002	0.001	0.001	0.001	0.000 5

在实际的试验设计中，相关性显著性水平在 0.01 以下可以当作零相关设计使用，甚至可以放得更宽，它给预报带来的偏差很小。当使用向后逐步回归分析可以将 $\alpha \leqslant 0.25$ 以内的相关性视为弱相关。更宽的相关性设置，根据工程的要求确定。

11.4.5　零相关设计的多解性

方程（11.9）有 n 个未知数，只有一个方程，有无穷多解。指定 $n-1$ 个变量的值，所得到的解不一定在置换集 S 中。因而不能用解不定方程的方法来求解。容易验证，当 $n=5$，7 和 8 时，当给定一个向量 $x_i \in S$，S 中与 x_i 零相关的向量分别有 6 个、184 个和 936 个。这意味着只要 $n \times 2$ 维零相关阵列存在，第二列有多个选择。同样的道理可以讨论其他列的多选性。

在同一置换集 S 中，与任一成员零相关的向量数一样多。以超立方类型为例，任一向量 $x \in S$，如果 S 中有 k 个向量与 x 零相关，那么，任何 $y \in S$ 在 S 中也有 k 个向量与之零相关。事实上，我们将 x 以及与之零相关的 k 个向量排列成一个矩阵，然后对这个矩阵做行移动，使第 1 列变成 y 为止。这个变换是同构变换，不改变其相关矩阵，即我们找到了与 y 零相关的 k 个也属于 S 的向量。同样的方法可以证明 y 不会有比 k 个更多的也属于 S 的零相关向量。因为，同样的同构变换把这些 $k+2$ 个向量变得第一列是 x，它在 S 中有 $k+1$ 个零相关向量，产生了矛盾。

>>>>>>>>

第 12 章　零相关–弱相关阵列的直接构造法

12.1　零相关-弱相关阵列的构造方法分类

固定水平与混合水平 iOA 的构造方法同正交超立方相同，差别仅在于母向量 h_i 不同。其命名规则列在附录中。

零相关阵列的构造是一类所谓 NP Hard 难题。对于一个确定的运行数 n，S 中有 $n!$ 个向量，随着 n 的增加，S 爆炸性地膨胀。当 n 大到一定程度之后，S 非常大，以致我们把 S 构造出来都不可能。$36! \approx 3.7 \times 10^{41}$，而地球的质量也只不过大约 $6.0 \times 10^{24}\,\text{kg}$ 而已。我们可以把寻找新的零相关向量的过程比作挖矿，从地球内部挖出几克满足特定条件的矿石何其之难。从巨大的集合 S 中找出若干个向量来组成零相关阵列非常困难。

在 S 中，除了很小的运行数（即使是运行数 n=5），要搞清楚哪些向量与哪些向量可以组成一个零相关阵列都是很困难的。对一般的运行数 n，目前还没有一种方法能够确定 S 中零相关阵列的最大列数。因此，目前只能一列一列地逐列地构造。首先确定第一列，$x_1 \in S$，然后，在 x_1 的基础上逐列增加，直到不能找到新的零相关列，该零相关阵列暂时被认为零相关饱和。

影响构造过程及结果的因素很多，但构造算法起着决定性的作用。算法不适用，再好的计算机，花再多的时间也构造不出零相关矩阵来。如果一个零相关阵列 A 不是基于现有结果而是直接从 S 中寻找元素构造出来，称之为直接构造法。基于现有 OA 或 iOA 构造出来的构造方法称之为扩展构造法。

本章介绍直接构造法。

12.2　优化的目标函数

在零相关设计的定义中，在 11.2 节我们定义了优化的目标函数 mcc，它标志当前设计的相关矩阵中绝对值最大的相关系数的优化水平。相关系数定义式（7.31）可以简化由式（7.33）计算。式（7.33）的分子记作

$$spd_{ij} = (\boldsymbol{x}_i, \boldsymbol{x}_j) - cf(\boldsymbol{x}_i, \boldsymbol{x}_j)$$

在这一记号下，相关系数的计算式（7.33）可以写作

$$r_{ij} = \frac{spd_{ij}}{\sqrt{spd_{ii}spd_{jj}}} \tag{12.1}$$

当 $mcc=0$，$\forall spd_{ij}=0$，$i \neq j$。反之亦然，极小化 spd 到 0，则实现了 mcc 的极小化。在我们的约定下，两个向量的内积是整数，因此，优化 mcc 以优化 spd 的算法最简单、最快、最精确。

假设一个矩阵的现有 k 列是零相关的，则现有 k 列构成的矩阵满足条件 $mcc=0$。要寻找的是第 $k+1$（$k>1$）列 $\boldsymbol{x}_{k+1}$，它与现有列 $\boldsymbol{x}_1$，$\boldsymbol{x}_2$，$\cdots$，$\boldsymbol{x}_k$ 有 k 个相关系数，仅当 k 个相关系数 r_l（$l=1,2,\cdots,k$）都是 0，x_{k+l} 才是所要求的零相关列，否则，它将只可能是一个弱相关列。此时，r_{ik}（$i=1,2,\cdots,k$）有一个分布，最大的一个是 mcc，意味着还有优化的可能。零相关-弱相关设计的构造过程需要两个优化对象，定义

$$\max spd = \max_{\forall i \neq j} \left| spd_{ij} \right| \tag{12.2}$$

$$sum\, spd = \sum_{i=1}^{k} \left| spd_{ij} \right| \tag{12.3}$$

$\max spd$ 表示所有 spd_{ij}（$i \neq j$）中绝对值最大的一个，用于优化 mcc，

$$mcc = \max_{\forall i \neq j} \left| spd_{ij} / \sqrt{spd_{ii}spd_{jj}} \right| \tag{12.4}$$

在 mcc 被极小化的前提下，如果 $sumspd$ 最小化了，作为零相关设计矩阵的近似解的弱相关设计就被优化了。显然，如果 $sumspd=0$，必有 $\max spd=0$。反之，如果 $\max spd=0$，则 $sumspd=0$。如果 $\max spd \neq 0$，相应的列对决定了整个设计的相关性，只有 $sumspd$ 最小的时候，弱相关矩阵的品质最佳。因此，我们要力求 $\max spd=0$，当不能实现 $\max spd=0$ 时，需要极小化 $sumspd$，即 $\max spd$ 为第一优化目标，$sumspd$ 为第二优化目标。

在构造程序中 $sumspd$ 简写成 $sspd$，$\max spd$ 简写成 $mspd$。

12.3 穷举法

以下，我们设定 X 的第一列为因子设计计划的第一个因子的一个随机排列；总是认为 x_1 是已经确定的；构造 X 从第二列开始。

一种最基本的方法是穷举法，也可以称之为全排列筛选法。这种方法对 x_2 的置换集 S_{n_2} 的成员逐一检验，如果 $x \in S_{n_2}$ 满足方程（12.2），以 x 为第 2 列；假设已找到 i 个列，如果 S 中的一个成员与已有各列都满足方程（12.2），则以该列为第 $i+1$ 列。如果搜遍 S，$\max spd$ 仍不能被极小化到 0，得到的是一个非零相关列。穷举法不能再优化 $sumspd$。随着 n 增大，计算工作量爆炸性地增加，以致要构造出 S 都是不可能的。在笔者的计算条件下，当 $n=12$ 构造出 S 需要 35 min，对 $n=13$ 需要 455 min，约为 7.5 h。因此，全排列筛选法的应用受到限制。

从不同初始向量出发运行全排列程序所得到的结果可能不同，结果矩阵的正交列数也可能不同。虽然 S 中的任何一个元素在 S 有同样多的零相关向量，但从不同向量出发能够得到的零相关子阵的规模不同。这证明了搜索结果与初始向量和选择路径有关。S 不是光滑的，也非对称的，其内部向量之间的关系非常复杂。例如，$n=9$，计算结果可能得到 4 正交列，也可能得到 5 正交列，不能总是得到 5 正交列。

在 S 中任何两个向量间的 spd_{ij} 的变化单位是 1。spd 的跳跃有层级，层级在 $-n\bar{x}_i\bar{x}_j$ 与 $n\bar{x}_i\bar{x}_j$ 之间划分成层，层间距离为 1。S_n 中向量的分布关于 0 点对称，不均匀。正相关向量 1 个，负相关向量 1 个。当零相关阵列存在，mcc 的最小值为 0；否则为 0.5。以 runs=5 的超立方为例，5!= 120，与向量(5,3,2,4,1)的 spd 的分布如图 12.1 所示。

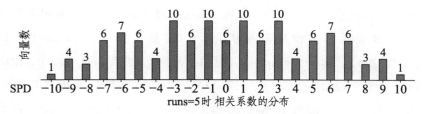

图 12.1　runs=5 时差乘和的分布图

12.4　随机法

随机地从 S 中选取一个向量，如果它与各已知列向量的 $\max spd=0$，便以它作为所求的一个新列向量。否则，随机地从 S 中另取一个向量，重复上述过程。即使是第二列，任选一个向量满足式（11.8）概率也非常小。当 $n=7$ 时，一次选中的概率为 $184/7!\approx 0.036\,5$；$n=8$ 时，一次选取的几率大约为 $936/8!\approx 0.023\,2$。随 n 的增大，一次选中的概率越小。依赖于 S 中向量的零相关向量的浓度。浓度越小，一次选中的概率越小。

用随机法构造零相关设计非常困难。在超立方情况下，某些 S 中与一个成员零相关的向量数与零相关向量浓度见表 12.1。

表 12.1　在超立方情况下 S_n 中与一个成员零相关的向量数与零相关向量浓度

n	4	5	7	8	9	11	12
正交向量数 N_0	2	6	184	936	6 688	420 480	4 298 664
浓度 $=N_0/n!$	0.083 33	0.05	0.036 51	0.023 143	0.018 43	0.010 534	0.008 974

在固定水平和混合水平情况下，零相关向量的浓度数会有差异，随水平数的增大浓度变小。从这张表中，清楚地看到浓度随 n 变大变小的趋势。这是制定搜索循环限的根据。这个趋势可以用图来表示，如图 12.2 所示。

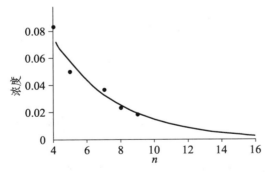

图 12.2　与一个向量正交的向量的浓度随 n 增大迅速地降低

通常认为随机设计是均匀的[57]。计算机的随机数发生器模拟的是均匀分布的一元而不是多元随机变量，产生的是所谓伪随机数。计算机模拟多元随机变量 $(\xi_1,\cdots,\xi_p)$，一个模拟点用一串伪随机数代表，当一个随机化指令被执行之后，随机序列即被确定，它并不是均匀分布，其均匀程度取决于系统，请参考随机数函数的发生程序。构成随机设计的这一串伪随机数由依序地执行代码逐个地而不是独立地产生的，除非每产生一个随机数之前都执行一个随机化指令。如果这样，随机化所耗去的时间太多。

任何两个随机数不是随机且相互独立的。尽管设定其边际分布是均匀的，其联合分布却可能是高相关的。从置换集合 S 中随机地选取向量与另一个向量正交是一个小概率事件。联合分布的高相关则是大概率事件，n 越大，相关性越高。

12.5 交换法

交换法的全称是有选择性地交换向量分量的方法。为描述这种方法，首先介绍集合 S 的三条性质：

（1）S 中任一成员的任意两个分量进行交换之后是 S 的另一成员。

（2）同时交换两个向量 x 与 y 的相同位置上的分量，内积(x, y)不变。

（3）交换 x 中的两个分量之后，(x, y)的增量为 y 与 x 对应分量的差之积。两对分量的差同号时符号为负，异号时符号为正。

记 $g=(y, x)$，设 x 中被交换的分量的下标分别为 i，j，不失一般性，假设 $i<j$。为交换得到的新向量，内积的增量为

$$g' - g = \sum_{k=1}^{n} y_k x_k' - \sum_{k=1}^{n} y_k x_k$$
$$= (y_i x_j + y_j x_i) - (y_i x_i + y_j x_j)$$
$$= -(y_j - y_i)(x_j - x_i) \qquad （12.5）$$

当 y，x 中的两对分量的差同号时，增量符号为负，内积减小；异号时，符号为正，内积增大。

这样，从 S 中的一个向量只需交换其两个分量就可以得到 S 的另一个向量。它与某个向量 c_i 的内积不需重新计算，只需叠加这个增量，计算时间大大减少。如果与 x_i 零相关的向量存在，可以更快地找到它。

把 S 中与 x_1 正交的向量全部找出来构成一个子集 S_1。

从 S_1 中随机地选取一个做第二列 x_2。S_1 中与 x_2 正交的向量的子集记

作 S_2 ，其中的向量必与 x_1 也正交。从 S_2 中选取一个做第三列 x_3。继续这样操作，逐级得到一串愈来愈小的交集，如图 12.3 所示。直到新的子集为空集时结束搜索过程，得到一正交向量集，构成一个饱和的正交矩阵。

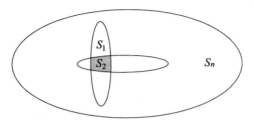

图 12.3 正交向量集形成过程

对于 $n<13$，我们可以这样做，对更大的 n，我们不能这么做。以 $n=9$ 为例，用全排列法来研究求解正交组的过程。S 全集中与 $h=(1,2,\cdots,n)$ 正交的向量作为子集存入一个文件 S_1 中，从 S_1 中随便选取一个做第二列 x_2；从 S_1 中搜索与 x_1，x_2 正交的向量，作为下一级子集存入一个文件 S_2 中，并从 S_2 中随便选取一个做第三列 x_3；从 S_2 中搜索与 x_1，x_2，x_3 正交向量，再把他们作为下一级子集存入文件 S_3 中；依此类推，从 S_4 中随便选取一个做第五列 x_5。此时，我们发现，已经没有剩余向量，S_5 为空集，即再也找不到同时与已有向量正交的向量。子集的结构与第一个向量及选择路径有关。

runs=9 各级子集规模与置换集 S 规模比例衰减的趋势见图 12.4。

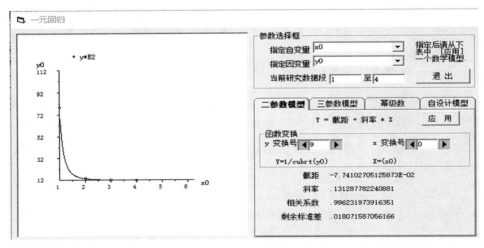

图 12.4 runs=9 各级子集规模与置换集 S 规模之比衰减的趋势

可以看出零相关（正交）向量浓度衰减得有多快，runs=12 比 9 衰减得更快。这诚然不能算作证明。我们可以想象，构造第三列比第二列时间长，越往后所需时间越长。

12.6　构造过程与基本参数的设计

构造零相关-弱相关矩阵必须由计算机执行一个程序，并且需要恰当地设置一些参数。

12.6.1　任务与因子水平设计

三种类型的零相关-弱相关阵列，构造任务由两个参数决定：

runs，运行数为大于 3 的正整数。

因子及其水平设计，由一个向量表达：$h=(s_1,s_2,\cdots,s_{runs-1})$，其中，$s_i$ 表示第 i 列的水平数。

程序只构造 runs−1 列。可能有三种不同情况：

（1）向量 h 中只有一个元素 s_1=runs，其他都省略。要构造的是 H-类型阵列，各列水平数与 runs 相同。

（2）向量 h 中只有一个元素 s_1<runs，而且 s_1 是 runs 的约数，其他都省略。要构造的是 F-类型，所有列水平数相同，否则参数不合法。

（3）如果向量 h 中多于一个元素，意味着前面这些列按这个计划安排，其后没有列出的因子与最后一个元素相同。要构造的是 M-类型阵列。

12.6.2　构造水平向量和种子矩阵

各列的水平设计向量确定之后，随机化再置回原位，得到 $n×(n-1)$ 随机设计矩阵。这个矩阵是一个种子矩阵，存作一个文件。构造第 i 列时，读入种子矩阵的第 i 列作为候选向量。这样可以避免每构造新列都调用候选列产生程序产生候选向量。

种子矩阵存放在存贮介质中，可以被下次计算调用。它可以被修正，也可以把一个已经存在的矩阵当作种子矩阵。例如，把一个构造好的弱相关阵列当作种子矩阵，运行的结果可以被优化，其现有正交列不会发生变化，正交列数可能增加，mcc 可能弱化，也可能不发生任何变化。这样，当计算技术更新或算法改进之后，可以对以前的结果或文献上下载的结果进行优化升级。从种子矩阵出发，逐列优化。构造过程可以被中断，下一次运行再继续。可以被重复运行，优化。

12.6.3　循环限与挖掘深度

把构造过程比喻成采矿，构造一个新列的过程，需要反复从 S 中取样，检测它与已有列的 maxspd 是否为零，如果不是零，则采取技术措施降低它与已有列的相关水平，极小化 maxspd。在算法上由一个循环来实现。循环的次数不应该是一个常数，runs 越大，目标向量的浓度越低，需要的循环次数越多。被构造的列位置编号越大，目标向量的浓度越低，所需要的循环次数越多。水平数越大，目标向量的浓度越低，所需的循环次数越多。除此之外，再设置一个选择性参数，挖掘深度（depth），其缺省值为 1，在程序运行中可以中断调整。增加或者减少。可以不修改 depth，而采取再运行一次的策略。

在我们的算法中循环限设置为函数：

$$looptimes=depth*column\_id*runs*runs*levels.$$

其中，$column\_id$ 为要构造列的编号。

大多数情况下取 $depth=1$，这个循环量可以用一个循环实施，也可以用两重循环实施。没有本质差异，除非在第二重循环有随机化指令。

影响运行结果的原因很复杂，显然，计算机档次越高，计算速度越快越有利，编程语言与实现平台越优越越有利，也与系统的状态有关。程序运行时，系统的任何扰动都可能影响运行的结果。例如，在运行程序时，系统还在执行其他任务，会影响程序的运行状态。建议运行程序时停止所有其他任务。本作者的程序使用 VB 语言编制，不是一个很适合于计算的平台。随机化指令的应用有明显的影响。如果不使用随机化指令，则反复运行的结果相同。如果频繁使用随机化指令，程序明显变慢。在程序初始化阶段使用随机化指令一次，随机数序列已经由该初始化指令确定。构造过程中的很多现象还没有被认识，笔者目前使用单重循环。随机化语句只使用一次，大多数时间 $depth=1$。

12.6.4　门　槛

在作者的工作条件下，当 *runs* 超过 20，构造一个弱相关阵列所需时间很长，可能几个小时，几天或更多，依 *runs* 大小而异。恰当地设置门槛可以节省很多时间。

|*spd*| 的最小值直接决定极小化门槛，影响搜索的进度和运行速度。毫无疑问，当正交列存在，|*spd*| 的最小值是 0。当正交列不存在，程序将当作正交列存在试图继续极小化|*spd*|，执行完循环才能退出搜索过程。

把 *cf* 改写成以下形式：

$$cf = \frac{n}{4}(s_i+1)(s_j+1) \tag{12.6}$$

可以看出：

（1）当 *n*=4，满足所有各种类型正交阵列存在的条件。

（2）当所研究的两个列的水平数都为大于 1 的奇数时，满足正交列存在条件。

（3）当运行数 *n* 为大于 3 的奇数时，*n* 没有偶数因素，满足正交超立方的奇数水平正交阵列存在的条件，也满足奇数水平混合水平正交阵列的存在条件。

（4）当 *n*=4*k*+2，其中，*k* 为非负整数，

$$cf = \frac{(2k+1)}{2}[(s_i+1)(s_j+1)]$$

不满足正交超立方的存在条件，右边中括号内为奇数整数，|*cf*|的小数部分等于 $\frac{2k+1}{2}$ 与一个奇整数的积，小数部分为 0.5；

当水平数为偶数时，不满足固定水平正交阵列存在的条件，右边中括号内为奇数整数；

当两个列 x_i，x_j 都是偶数水平时，右边中括号内为奇数整数，|*cf*|的小数部分等于 $\frac{2k+1}{2}$ 与一个奇整数的积，小数部分为 0.5。

当 *cf* 的小数部分为 0.5 时，正交列不存在，超立方和固定水平正交阵列都不存在。有结果：当正交列不存在时，*cf* 的小数部分为 0.5，因而 *spd*

值的小数部分为 0.5，即其层间距为 1，从 0.5 和−0.5 开始。前面的存在性结果在这里得到统一。不论什么情况，设置门槛 *doorsiil*=0.9。

max*spd* 值只有两种情况，当零相关阵列存在，max*spd* 值只会是整数值，可能包括 0。如果零相关阵列不存在，max*spd* 值不会出现在整数位置上，而只会出现在 *x*.5 的值上，有 0.5 的偏差。可以退出循环，而不需要去等待它到达 0 或 0.5，可以节省很多时间。

事实上，如果候选向量 *x* 是一个满足要求的零相关列，max*spd* 是 0，它一定小于 1。如果它不是所要求的零相关列，那么 max*spd* 至少是 0.5，*spd* 在 *x*.5 的层高线上移动，0.5 的下一个量级是 1.5，如果 max*spd* 没有达到 0.5，一定大于 0.9。因此，无论是不是零相关设计，设置 *doorsill*=0.9 都是适合的门槛。max*spd* 小于 *doorsill* 便都极小化了。设置 *doorsill* 为 0.5<*doorsill*<1.0 都可以，但不可小于 0.5，否则要浪费很多时间。

>>>>>>

第 13 章   扩展构造法

13.1   堆叠法

13.1.1   堆叠定义

两个列数相同的矩阵上下堆叠之后的结果是一个矩阵，其行数为被堆叠矩阵的行数之和，我们称矩阵的这种构造法为矩阵堆叠。

设 X 是一个 $n_1 \times m$ 阵列，Y 是 $n_2 \times m$ 阵列，它们互相堆叠的结果是一个 $(n_1+n_2) \times m$ 阵列 $Z=[z_1, \cdots, z_m]$。用 $S(X,Y)$ 来表示两个矩阵 X 和 Y 的堆叠操作，$Z=S(X,Y)$ 是一个 $(n_1+n_2) \times m$ 矩阵。

13.1.2   零相关矩阵的可堆叠性质

零相关矩阵的可堆叠性定理   假设 $X = (x_1, x_2, \cdots, x_m)$，$Y = (y_1, y_2, \cdots, y_m)$ 是两个 $n \times m$ 零相关矩阵，$\overline{x}_i = \overline{y}_i$，$\mathrm{Var}(x_i) = \mathrm{Var}(y_i)$，$(i=1,2,\cdots,m)$。则 $Z = S(X,Y) = (z_1, z_2, \cdots, z_m)$ 是一个 $2n \times m$ 维零相关矩阵，$\overline{z}_i = \overline{x}_i$，$\mathrm{Var}(z_i) = \mathrm{Var}(x_i)$，$(i=1,2,\cdots,m)$。

证明   对于 Z 的任意两个列 z_i，z_j，因为 $\overline{z}_i = \overline{x}_i = \overline{y}_i, (i=1,2,\cdots,m)$，有

$$z_i^{\mathrm{T}} z_j - 2n\overline{z}_i\overline{z}_j = x_i^{\mathrm{T}} x_j - n\overline{x}_i\overline{x}_j + y_i^{\mathrm{T}} y_j - n\overline{y}_i\overline{y}_j = 0 \qquad (13.1)$$

正交矩阵是零相关矩阵的特例，正交矩阵的校正项 $cf=0$，无论 n_1，n_2 为何值，只要 X，Y 都是零相关正交矩阵，下述推论恒成立。

推论 13.1   如果 X，Y 都是零相关正交矩阵，则 $Z=S(X,Y)$ 是零相关正交矩阵。

但是，即使 X，Y 都是 OLHD，堆叠的结果可以不是 OLHD。OLHD 与正交矩阵不是同一个概念，参见第 11 章第 11.1 节的 LHD 的定义，两个 LHD 的定义域之并集不一定符合 LHD 的定义，反例不胜枚举。要想两个

OLHD 堆叠的结果是 OLHD 还必须附加条件，即 X，Y 的定义域的并集必须是 LHD。上面给出的是两个矩阵的堆叠，隐含定理可以推广到有限 n 个矩阵的堆叠。

推论 13.2　如果 X_1，X_2，$\cdots$，X_u 都是 $n \times m$ 零相关矩阵，每个 X_i 的对应列有相同的定义域，即都来自同一个置换集，则 $Z=S(X_1,X_2,\cdots,X_u)$ 是 $nu \times m$ 零相关矩阵。

13.1.3　正交矩阵的堆叠操作的性质

正交矩阵的堆叠操作有如下的性质（证明从略）：

（1）自堆叠性质。如果矩阵 X 是正交的，则 $S(X,X)$，$S(X,-X)$ 都是正交的。

（2）有序性。如果 X 和 Y 都是正交的，$S(Y,X)$ 也是正交的，$S(Y,X)$ 与 $S(X,Y)$ 同构但不相同。

（3）堆叠加法可交换性质。如果矩阵 X，Y 是两个同维正交矩阵，则 $S(X,X)$，$S(Y,Y)$ 都是正交矩阵，其和是正交矩阵，且

$$S(X,X)+S(Y,Y)=S(Y,Y)+S(X,X) \tag{13.2}$$

（4）乘以常数的规则。如果 X,Y 是具有相同列数的正交矩阵，α 为实数，则

$$\alpha S(X,Y)=S(\alpha X,\alpha Y) \tag{13.3}$$

其结果是正交矩阵。

（5）递归。堆叠的结果可以被另一个堆叠所调用。

现在我们用堆叠的方法构造正交的序贯设计和稳健设计。同样的方法还可以用现有正交阵列构造出固定水平和混合水平不规则正交阵列。

13.1.4　序贯设计

设 $Y^{(i)}(i=1,2,\cdots,u)$ 是 u（$u>1$）个 $n \times m$ 零相关阵列，$Y^{(i)}=(y_1^{(i)},\cdots,y_m^{(i)})$ 的列 $y_k^{(i)}(\forall i)$ 都是同一个 S 的成员，均值为 $\bar{y}_k(\forall k)$。记以 i 为元素的常数向量为 $i(i=1,\cdots,u)$ 是 u 个连续的自然数的 n 维常数向量。则 $V=(1^T,\cdots,u^T)^T$ 是一个 un 维向量，而且是齐整的，均值 $\bar{V}=(1+u)/2$，$\mathrm{Var}(u) \neq 0$。由 13.1.2

节的零相关矩阵的可堆叠性定理，u 个零相关阵列 $Y^{(1)},\cdots,Y^{(u)}$ 堆叠的结果 $Z=S(Y^{(1)},\cdots,Y^{(u)})$ 是一个 $un \times m$ 零相关矩阵。不管 Z 是哪一种类型，V 与 Z 的任何一列都是零相关的。(V,Z) 是 $un \times (m+1)$ 维零相关阵列，其中 $(I,Y^{(i)})$ 是 Z 的第 i 块。证明从略。

一个序贯设计的例子见表 13.1。

表 13.1　序贯设计例（转置的）

```
1 1 1 1 1 1 1 1 1 2 2 2 2 2 2 2 2 2
1 2 3 4 5 6 7 8 9 1 2 3 4 5 6 7 8 9
2 9 5 8 4 1 3 6 7 1 4 8 5 9 6 7 3 2
2 3 6 9 8 5 7 1 4 7 2 9 3 6 1 5 4 8
1 7 9 2 6 8 3 5 4 8 1 3 7 5 4 9 6 2
6 4 9 2 5 1 7 3 8 5 8 2 4 6 3 9 1 7

3 3 3 3 3 3 3 3 3 4 4 4 4 4 4 4 4 4
1 2 3 4 5 6 7 8 9 1 2 3 4 5 6 7 8 9
4 2 8 6 9 1 5 7 3 9 3 4 2 5 8 1 7 6
1 4 8 5 7 9 6 2 3 1 6 9 3 6 7 2 4 5
2 9 4 7 1 8 3 6 5 9 2 1 8 3 6 7 4
3 7 9 5 1 4 2 8 6 7 2 8 1 6 4 9 3 5
```

表 13.1 中的两个阵列分别由两个不同构的 H 类型零相关阵列 W_9_5o 并上一个常数向量再堆叠而成，结果是固定水平零相关阵列，适合两种工艺的序贯设计。显然，如果需要更多的工艺试验，可以用更多的同构或不同构的 H 类型零相关阵列堆叠构造出序贯设计。表中这两个设计分别是 W_{18}-6o，又可以互相堆叠构造 4 种工艺的序贯设计。

类似的操作可以构造稳健设计。

13.1.5　张量积

设 X 是 $n \times m$ 阵列，Y 是 $u \times v$ 阵列，它们的张量积（Kronecker product）积定义为一个 $nu \times mv$ 阵列。

$$Z = X \otimes Y = (x_{ij}Y|_{i=1,2,\cdots,n;\,j=1,2,\cdots,m})$$

$$= \begin{pmatrix} x_{11}Y & \cdots & x_{1m}Y \\ \vdots & & \vdots \\ x_{n1}Y & \cdots & x_{nm}Y \end{pmatrix} \qquad (13.4)$$

Z 包含 m 个块 $(x_{1j}Y, x_{2j}Y, \cdots, x_{nj}Y)^{\mathrm{T}}, (j=1,2,\cdots,m)$，每个块内有 v 列。使

用张量积构造正交阵列有许多讨论[68·76]。这些讨论也适用于不规则的正交阵列。

张量积的性质 设 X，Y 分别是 $n×m$，$h×s$ 阵列，若 X，Y 是正交的，张量积 $Z=X⊗Y$ 是一个 $nh×ms$ 正交阵列，若 X，Y 是零相关的，则张量积 $Z=X⊗Y$ 是一个 $nh×ms$ 零相关阵列。

证明 对于 Z 的一个块 $x_{ij}Y$ 而言，x_{ij} 是一个常数，$x_{ij}Y$ 的相关矩阵与 Y 相同。n 个 $x_{ij}Y$，$(i=1,\cdots,n)$ 堆叠的结果，是 Z 的一个子阵，其相关性质与 Y 相同。Z 是由 m 个这样的子阵并列成的。剩下要证明的是这样的 m 个子阵列之间的任何两列 z_k，z_t 的相关性质与 Y 相同。此时，Z 的任两个列向量 z_k，z_t 分别是（被转置了）

$$x_{1u}y_{1\alpha},\ldots,x_{1u}y_{h\alpha},\quad x_{2u}y_{2\alpha},\ldots,x_{2u}y_{h\alpha},\quad \ldots,\quad x_{nu}y_{1\alpha},\ldots,x_{nu}y_{h\alpha}$$

$$x_{1v}y_{1\beta},\ldots,x_{1v}y_{h\beta},\quad x_{2v}y_{2\beta},\ldots,x_{2v}y_{h\beta},\quad \ldots,\quad x_{nv}y_{1\beta},\ldots,x_{nv}y_{h\beta}$$

这里 $u \neq v;1 \leq u,v \leq m$ 和 $1 \leq \alpha,\beta \leq s$

$$z_k^{\mathrm{T}}z_t = \sum_{i=1}^{n}\left(\sum_{j=1}^{h}x_{iu}y_{j\alpha}x_{iv}y_{j\beta}\right)$$

$$= \sum_{i=1}^{n}x_{iu}x_{iv}\sum_{j=1}^{h}y_{j\alpha}y_{j\beta}, \quad (k \neq t;k,t=1,2,\cdots,ms) \tag{13.5}$$

回顾内积的算法，式（13.5）可以写成

$$(x_u^{\mathrm{T}}x_v)(y_\alpha^{\mathrm{T}}y_\beta) \tag{13.6}$$

如果 X,Y 为正交的，则 $z_k^{\mathrm{T}}z_t=0$；如果 X,Y 都是零相关的，则

$$z_k^{\mathrm{T}}z_t = n\overline{x}_u\overline{x}_v h\overline{y}_\alpha\overline{y}_\beta = nh\overline{x}_u\overline{x}_v\overline{y}_\alpha\overline{y}_\beta = nh\overline{z}_k\overline{z}_t$$

根据定义，Z 是零相关的。

13.1.6 Hadamard 矩阵的扩展性质

设 $C = (2,4,8,12,16,20,24)$，$c \in C$，$k \in C$，则 $H_{c\times k} = H_c \otimes H_k$，其中 H_2 是齐整的。这样，C 可以自我繁殖，序贯地得到下列各阶 Hadamard 矩阵：

4，8，12，16，20，24，32，40，48，64，80，96，128，160，192，

196，256，320，384，392，…

将这个序列除以 4，得到

1，2，3，4，5，6，_，8，_，10，_，12，_，_，_，16，_，_，_，20，_，_，_，24，_，_，_，_，_，_，_，32，…

这个链不连续，有一些 Hadamard 矩阵不能由现有 Hadamard 矩阵通过张量积构造出来。随着 iH_{28} 被构造出，C 增加一个成员 28，上述链得到一些修补：7，14，28，…，但总有一些基本 Hadamard 矩阵猜想它存在但不一定能够构造出来。例如，某个 $n=4kp$，其中 k 为正整数，p 为较大的素数，猜想 iH_{4kp} 存在，但不能构造出来。因此，这个链总会有断点。

13.1.7　多水平正交阵列的张量积

如果正交阵列的水平数多于 3，其张量积的点分布有失均衡性，即使是齐整 OA 也不例外。设 X 是 $n×m$ 正交阵列，$H_k=(h_{ij})$ 是以 "−1" 和 "1" 为其两个水平的 k 阶 Hadamard 矩阵。$H_k \otimes X$ 有 m 块 $(h_{1j}X, h_{2j}X, \cdots, h_{kj}X)^T$ $(j=1,2,\cdots,k)$，每个块内有 k 列，任何两列构成的点分布图都是 "×" 形分布。其所有试验点都整齐地排列在两条对角线上，参见图 13.1（a）。

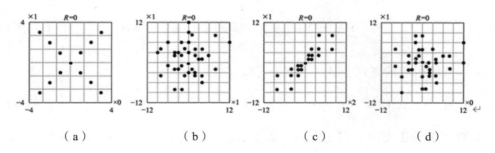

（a）　　　　　（b）　　　　　（c）　　　　　（d）

图 13.1　张量积的试验点的典型分布

这种分布很不均匀。$H_k \otimes X$ 有 k 块 $(h_{1j}X, h_{2j}X, \cdots, h_{kj}X)^T$ $(j=1,2,\cdots,k)$，每个块内 m 列，其中每个列一定与其余 $k-1$ 块每个块中的某一列形成一个 "×"。这种分布如何影响效应估计参见 11.2 节，如果不想在两个 "×" 形分布列上同时安排两个试验因子，那么，任何两个构成 "×" 分布的列上只能安排一个因子。$X \otimes H_k$ 或 $H_k \otimes X$ 都总共只能安排 m 个因子，不能增加研究的因子数。

例如，$Z = H_4 \otimes W_9\_h5o$ 分为 5 个块，每个块内有 4 列。在每个块内，每个列与其他列都构成一幅 "×" 形分布。图 13.2 展示了其部分点分布图。

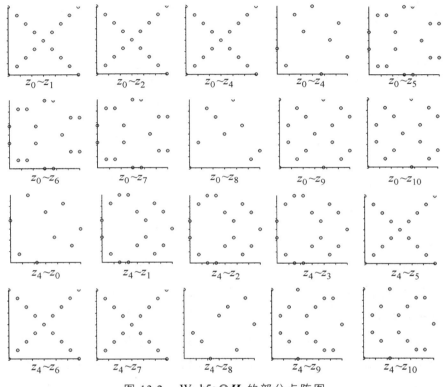

图 13.2　$W_9\_h5o \otimes H_4$ 的部分点阵图

从第一行可以看到属于第一块的 z_0-z_1，z_0-z_2，z_0-z_3 为 3 个 "×" 形分布。第三、四行属于第二块的 z_4-z_5，z_4-z_6，z_4-z_7 为 3 个 "×" 形分布。不难归纳，z_8-z_9，z_8-z_{10}，z_8-z_{11}；z_{12}-z_{13}，z_{12}-z_{14}，z_{12}-z_{15}；z_{16}-z_{17}，z_{16}-z_{18}，z_{16}-z_{19} 是 9 个 "×" 形分布。

同理，$Z = H_4 \otimes W_9\_h5o$ 分 4 个块，每个块内有 5 列。每个块内的每个列与块内其他 4 列构成的画面正常，而它与其他每个块中的某一列一定构成一幅 "×" 形分布。图 13.3 展示了 $Z = H_4 \otimes W_9\_h5o$ 的部分点分布图。z_0-z_5，z_0-z_{10}，z_0-z_{15} 为 3 个 "×" 形分布。z_1-z_6，z_1-z_{11}，z_1-z_{16} 为 3 个 "×" 形分布。不难归纳，z_2-z_7，z_2-z_{12}，z_2-z_{17}；z_3-z_8，z_3-z_{13}，z_3-z_{18}；z_4-z_9，z_4-z_{14}，z_4-z_{19} 是 9 个 "×" 形分布。

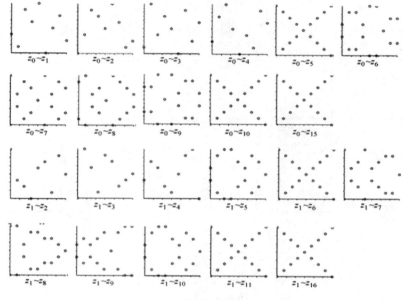

图 13.3 $H_4 \otimes W_9h\_5o$ 的部分点阵图

按普通代数学，两个生成向量的乘法表可能会出现新元素，一般来说张量积有新的定义域。

两个多水平正交阵列的张量积有新定义域，其边际分布不是均匀的，其点分布中心密集，而周边稀疏。例如 $W_7h\_3o \otimes W_9h\_5o$ 的定义域为 $(-12,-9,-8,-6,-4,-3,-2,-1,0,1,2,3,4,6,8,9,12)$，其典型分布见图 13.1（b）~（d）。这些阵列不符合 LHD 的定义。

自由度增加相关系数临界值变小，弱相关矩阵的张量积不能保证是弱相关的。

以上讨论不排除 X，Y 之一或二者都是齐整的，但只要有一个是不齐整的，结果就是不齐整的。

13.2   旋转法

对于正交阵列 $A = OA(N,K,s,t)$，其中，$N = N = s^{2\mu}$，每个水平在每个列中重复 N/s 次，两个水平向量间的水平有 s^2 种交互配合方式，每一种配合在任何两列中重复 $\mu = N/s^2$ 次。A 的总自由度 $f_{总} = N-1$，每个因子的自由度

为 $f_{因}=s-1$。A 的最大正交列数 $K=f_{总}/f_{因}$。Steinberg 和 Lin[67]研究了 $s=2$ 的情况，定义了正交方阵序列 $V_0=[1]$ 和

$$V_m=\begin{pmatrix} 1 & -s^mV_{m-1} \\ s^mV_{m-1} & 1 \end{pmatrix}$$

将 A 划分为 $\kappa=\text{int}(K/2^{\mu})$ 组，每个组包含 2^{μ} 列，构造一个以 V_{μ} 为元的对角矩阵 $U_{\mu}=I_{\kappa}\otimes V_{\mu}$，记 $k=2^{\mu}\kappa$，AU_{μ} 是具有 k 列的正交超立方。这个变换是一对一的，被称为旋转法。由于 OA 的齐整特性，结果与分组方式无关。Steinberg 最重要的范例是具有 16 行 12 个零相关列的所谓正交拉丁超立方矩阵 OLHD(16,12)（见表 13.2），是目前已知正交列数与运行数比例最大的正交阵列。

表 13.2　由旋转法构造的 OLHD 阵列例[67]

−15	5	9	−3	7	11	−11	7	−9	3	−15	5
−13	1	1	13	−7	−11	11	−7	−1	−13	−13	1
−11	7	−7	−11	13	−1	−1	−13	9	−3	15	−5
−9	3	−15	5	−13	1	1	13	1	13	13	−1
−7	−11	11	−7	11	−7	7	11	5	15	−3	−9
−5	−15	3	9	−11	7	−7	−11	3	−1	−1	−13
−3	−9	−5	−15	1	13	13	−1	−5	−15	3	9
−1	−13	−13	1	−1	−13	−13	1	−13	1	1	13
1	13	13	−1	−9	3	−15	5	11	−7	7	11
3	9	5	15	9	−3	15	−5	3	9	5	15
5	15	−3	−9	−3	−9	−5	−15	−11	7	−7	−11
7	11	−11	7	3	9	5	15	−3	−9	−5	−15
9	−3	15	−5	−5	−15	3	9	−7	−11	11	−7
11	−7	7	11	5	15	−3	−9	−15	5	9	−3
13	−1	−1	−13	−15	5	9	−3	7	11	−11	7
15	−5	−9	3	15	−5	−9	3	15	−5	−9	3

Steinberg 变换是对母矩阵的一种运算，为方便起见，称之为 S 变换。它作用于母矩阵 OA(N,K,s,t)，其中，$N=s^{2^{\mu}}$，得到 OLH(N,k)。

Pang 等[74]扩展 S 变换的应用范围到 s 是任意素数 p。

Lin 等[75]进一步扩展到 s 是任意正整数 n。

只要 A 满足下面两个齐整性条件，S 变换都可以把 OA(N,K,s,t)变换成 OLH(N,k)。

齐整性条件 1：相邻两个水平间等间距且每个水平在每列中出现的次数相等。

齐整性条件 2：在任何 2^μ 列中，水平的每个交互配合出现一次也只出现一次。

这两个条件与 9.3.1 节的正交设计的经典定义的两个条件相同。

如果变换的母矩阵 A 不满足这两个条件，形式地调用变换，结果可能不是 OLH(s^{2^μ},k)。甚至不是 LHD。例如，OA(16,15,2,2)($I_7 \otimes V_1$) 只是固定水平阵列。又如图 13.4 中的 6 个列组成的矩阵不满足这些条件，程序运行结果不是 LHD。这意味着，S 变换不能滥用，不能以为 S 变换的结果一定是 OLHD，其使用需要满足一定的条件。

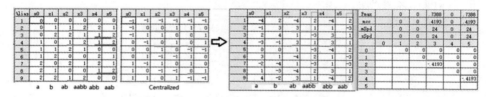

图 13.4　列向量都来自 S_9 但不满足齐整性的要求，变换结果不是 LHD

13.3　耦合法

设 s 是一个水平数（正整数），水平向量用 s 个不同符号表示。这些符号成为一个整体组成一个向量，叫作水平母向量。最早，这些符号用希腊和拉丁字母表示。随着设计规模的扩大，希腊和拉丁字母不够用，用一组等距正整数来表示。这些正整数没有大小的概念，3 不一定大于 1。一般来说，不能把这些水平摆放在数轴上。一个通俗的例子是原料产地，上海，天津，广州等，顺序地用 1、2、3…来表示，不代表广州（3）比上海（1）大或优越。然而，在研究试验设计的布点均匀性时，如果赋予这些数字以数值意义，一个水平向量与另一个水平向量元素可以有位置和距离感，有交互配合等等概念。也可以形式地定义向量的均值，方差和相关系数。这当然是不严谨的，相对地表示试验设计的性质。因此，A 的水平母向量可以表示为 $h=(1,2,\cdots,s)$，有 $s!$ 种不同的置换，记这种置换的一般形式为 $h=(h_1, h_2, \cdots, h_s)$，全体置换构成一个置换集合 S_s。

我们可以认定一种形式的正交阵列 $A=\mathrm{OA}(N,K,s,t)$ 为标准状态，例如，它的水平母向量为 h。根据正交阵列的定义，正交阵列 A 的水平向量被任何一个 $h\in S_s$ 置换之后仍然是一个 $\mathrm{OA}(N,K,s,t)$ 形式的正交阵列。现在，我们假定水平数为 s，运行数 N 具有 s^2 形式。这些 OA 都可以由旋转法得到 $\mathrm{OLH}(N,k)$。所有这些 $\mathrm{OLH}(N,k)$ 都有一个共性，其相关矩阵为单位矩阵 I_k，其对角线上元素为 1，非对角线上元素为 0。但是，绝不能认为 m 个相关矩阵都为单位矩阵 I_k 的 $\mathrm{OLH}(N,k)$ 拼接起来的结果就是 $\mathrm{OLH}(N,mk)$。

以 $A=\mathrm{OA}(25,6,5,2)$ 为例，为简单起见，让 $p=2$，由交换 $A_1=A$ 的某些行（同构变换）可以得到 A_2，它们都是 $\mathrm{OA}(25,6,5,2)$。A_1V，A_2V 分别是 $\mathrm{OLH}(25,6)$，但 $M=(M_1,M_2)$ 不是 $\mathrm{OLH}(25,12)$，图 13.5 是 M 的相关矩阵。

	0	1	2	3	4	5	6	7	8	9	10	11
Pmax		0	0	0	0	0	.9825	.9999	.6428	.5984	.9282	.7837
mcc		0	0	0	0	0	.4708	.7	.1923	.1754	.3662	.2562
mSpd		0	0	0	0	0	612	910	250	228	476	333
sSpd		0	0	0	0	0	2012	1748	1170	574	1776	980
0		0	0	0	0	0	.46	-.26	.1846	.0369	.3662	.0492
1			0	0	0	0	-.1	.7	.0769	.0154	.1692	.1538
2				0	0	0	-.4708	-.2062	-.1385	.0523	.2238	.0608
3					0	0	-.1262	-.0892	.1923	.1585	.1208	.2562
4						0	-.2585	-.0877	-.1846	.0031	.2985	-.0523
5							.1323	-.0015	.1231	-.1754	.1877	.1815
6								0	0	0	0	0
7									0	0	0	0
8										0	0	0
9											0	0
10												0
11												

图 13.5　(M_1,M_2) 的相关矩阵

m 个 $M_i=\mathrm{OLH}(N,k)$ 拼接成 $M=(M_1,M_2,\cdots,M_m)$。齐整性条件 1 和 2 只能保证所有 M_i 的相关矩阵是 I_k。如果不附加条件，M 的相关矩阵不是对角矩阵。要想 M 的相关矩阵是对角矩阵，要求任何 $M_i^\mathrm{T}M_j=\mathbf{0}$，其中，$\mathbf{0}$ 是全 0 矩阵。换句话说，M 只满足齐整性的两个条件是不够的，需要第三个条件。

齐整性条件 3：所有矩阵 M_i，$(i=1,2,\cdots,m)$ 相互独立，即所有 $M_i^\mathrm{T}M_j=\mathbf{0}$，其中，$\mathbf{0}$ 是全 0 矩阵。

从一个 $A=\mathrm{OA}(N,K,s,t)$ 能不能构造出一串 $M_i=\mathrm{OLH}(N,k)$，使 M 为 $\mathrm{OLH}(N,mk)$？假如能，m 可以是多大？

Lin[68]描述了一种方法：耦合法。设有一个正交数组 A=OA(n^2, $2f$, n, 2)，有 n^2 行，$2f$ 列，n 个符号，强度为 2，索引为 1。用 $1, \cdots, n$ 表示 A 中的 n 个符号。B=(b_1, b_2, $\cdots$, b_p)是一个 $n \times p$ LHD。执行以下 3 个步骤：

步骤 1：依次用 b_1, b_2, $\cdots$, b_p 分别替换 A 中的 n 个符号 $1, \cdots, n$，得到 p 个 $n^2 \times (2f)$ 矩阵 A_j，然后将 A_j 的列两个一组分划，得到 $A_j=[A_{j1}, \cdots, A_{jf}]$，其中 $A_{j1}, \cdots, A_{jf}$ 中的每一个都是两列。

步骤 2：分别对 p 个 A_j 进行 S 变换得到 $n^2 \times (2f)$ 矩阵 $M_j=[A_{j1}V, \cdots, A_{jf}V]$，其中

$$V = \begin{bmatrix} 1 & -n \\ n & 1 \end{bmatrix}$$

步骤 3：最后，得到阶数为 $N \times q$ 的矩阵 $M=[M_1, \cdots, M_p]$，其中 $N = n^2$，$q = 2pf$。

C. D. Lin 猜想，M 的相关矩阵是 $\tilde{R} = R \otimes I_{2f}$，其中 R 是 B 的相关矩阵。

这个猜想没有指定 B 是 OLH，注定是错误的。Lin 的证明出现了严重的错误。$M^{\mathrm{T}}M$ 是一个 $2pf \times 2pf$ 矩阵，具有分块结构。在不确定 B 为 OLH 的情况下，如图 13.6 所示，有 3 种可能状态，只有第一种 $\tilde{R}$ 是 I_{2pf}。

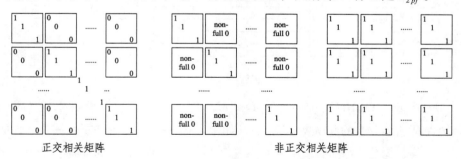

正交相关矩阵　　　　　　　　　　　　　　非正交相关矩阵

图 13.6 M 的相关矩阵的结构形态

要想 M 的相关矩阵是 I_{2pf}，需要满足前述 3 个齐整性条件。$M^{\mathrm{T}}M$ 是一个对称矩阵，包含 p^2 个 $M_s^{\mathrm{T}}M_k$ 块，仅当 B 是 OLH，式（13.7）是正确的：

$$M_s^{\mathrm{T}}M_k = (I_f \otimes V)A_s^{\mathrm{T}}A_k(I_f \otimes V) \tag{13.7}$$

$A_s^\mathrm{T} A_k$ 的元素 (α,β) 由 $B=(b_1,b_2,\cdots,b_p)$ 的两个列向量 b_s 和 b_k 的内积决定。作者为了既定目的编造一个没有任何统计意义的量，

$$\sum_{i=1}^{n}\sum_{k=1}^{n} b_{ij}b_{ks}$$

把 b_{ij} 从第二个 Σ 下提出来，变成一个 $0\times 0\equiv 0$ 的算式。如果接受这个算法，$\varGamma_n$ 中任何两个向量的这个量都是 0，不管 B 是否为 OLHD，$A_s^\mathrm{T} A_k$ 都为全 0 矩阵。$\tilde{R}$ 也应该是全 0 矩阵。作者的式（5）说 $A_s^\mathrm{T} A_k$ 的元素 (α,β) 是

$$n\sum_{k=1}^{n} b_{kj}b_{ks}=\frac{1}{12}N(N-1)r_{js}$$

这个写法相对而言是正确的。然而，导致了所有 $M_s^\mathrm{T} M_k$ 都是对角矩阵的结论。$\tilde{R}$ 成为图 13.6 样式。得不到作者要的结论。其后的所有推论全都不能成立。作者没有考虑自由度的影响，导致所有耦合结果都一定是 NOLH 的结论。没有讨论 B 为一般 LHD 时 $\tilde{R}$ 是什么样子。

造成这些混乱的一个原因是量的复杂性。为清晰起见，我们来对这些量做些整理，然后研究作者的猜想。让

$$A=\mathrm{OA}\left(n^2,2f,n,2\right)=\left(a_1,\cdots,a_{(2f)}\right)$$

这里带"( )"的下标表示括号内是一个值而不是双下标（下同），

$$A_j=\left(a_1^{(j)},a_2^{(j)},\cdots,a_{(2f-1)}^{(j)},a_{(2f-1)}^{(j)}\right)$$

上标"(j)"标示 A_j 为 A 的 n 个符号 $1,2,\cdots,n$ 被 b_j 的 n 个分量依次替换的结果，

$$\begin{aligned}
a_k^{(j)}&=\left(a_{1k}^{(j)},a_{2k}^{(j)},\cdots,a_{Nk}^{(j)}\right)^\mathrm{T}\\
&=\left(\left(a_{1k}^{(j,1)},a_{2k}^{(j,1)},\cdots,a_{nk}^{(j,1)}\right),\cdots,\left(a_{1k}^{(j,n)},a_{2k}^{(j,n)},\cdots,a_{nk}^{(j,n)}\right)\right)^\mathrm{T}
\end{aligned}$$

这一表示法指出，由于 A 的齐整性 $a_k^{(j)}$ 被划分为 n 段，上标中的第二个数字标注该元素的段号。这样，

$$A_{ji}=\left(a_{(2i-1)}^{(j)},a_{(2i)}^{(j)}\right)(i=1,2,\cdots,f)$$

$$A_{ji}V = \left(a_{(2i-1)}^{(j)}, a_{(2i)}^{(j)}\right)V = \left(c_{(2i-1)}^{(j)}, c_{(2i)}^{(j)}\right)$$

$$M_j = \left(c_1^{(j)}, c_2^{(j)}, \cdots, c_{(2f-1)}^{(j)}, c_{(2f)}^{(j)}\right)$$

其中，$c_i^{(j)}$ 的下标 i 表示 M_j 的第 i 列，

$$c_i^{(j)} = \left(c_{1i}^{(j)}, \ c_{2i}^{(j)}, \cdots, \ c_{Ni}^{(j)}\right)^{\mathrm{T}} \ (其中 \ N=n^2)$$

$$M = \left[c_1^{(1)}, c_2^{(1)}, \cdots, c_{(2f-1)}^{(1)}, c_{(2f)}^{(1)}, \cdots, c_1^{(p)}, c_2^{(p)}, \cdots, c_{(2f-1)}^{(p)}, c_{(2f)}^{(p)}\right]$$

其中共有 $2pf$ 个列。

在这一组记号下，

$$A_s^{\mathrm{T}}A_k = \left(a_1^{(s)}, \ a_2^{(s)}, \cdots, \ a_{(2f-1)}^{(s)}, \ a_{(2f)}^{(s)}\right)^{\mathrm{T}}\left(a_1^{(t)}, \ a_2^{(t)}, \cdots, \ a_{(2f-1)}^{(t)}, \ a_{(2f)}^{(t)}\right)$$

$A_s^{\mathrm{T}}A_k$ 的元素 (α, β) 的差乘和由式（13.8）表达（因为 A_j 的正交性，校正量 $cf=0$ 被省略）。

$$spd_{\alpha\beta}^{(st)} = \left(a_\alpha^{(s)}\right)^{\mathrm{T}}a_\beta^{(t)} = \left(a_{1\alpha}^{(s)}, \ a_{2\alpha}^{(s)}, \cdots, \ a_{N\alpha}^{(s)}\right)\left(a_{1\beta}^{(t)}, \ a_{2\beta}^{(t)}, \cdots, \ a_{N\beta}^{(t)}\right)^{\mathrm{T}}$$

$$= \sum_{k=1}^{N} a_{k\alpha}^{(s)}a_{k\beta}^{(t)} = \sum_{i=1}^{n}\sum_{k=1}^{n} a_{k\alpha}^{(s,i)}a_{k\beta}^{(t,i)} \tag{13.8}$$

这里，$a_{k\alpha}^{(s,i)}$，$a_{k\beta}^{(t,i)}$ 分别是 $(1,2,\cdots,n)$ 被 b_s，b_t 替换的结果，$b_u = (b_{1u}, \cdots, b_{nu})^{\mathrm{T}}$，式（13.8）的结果需要区别不同情况进行讨论。

（1）$s \neq t$。

对应的块 $M_s^{\mathrm{T}}M_k$，不在 M 的相关矩阵的主对角线上，A_s，A_t 分别为 A 被两个不同的 b_s，b_t 替换的结果。

$\alpha \neq \beta$ 意味着该元素在 $A_s^{\mathrm{T}}A_t$ 矩阵的非主对角线位置上，虽然 A 是齐整的，$spd_{\alpha\beta}^{(st)}$ 的值依赖于 b_s，b_t 的相关性，若 b_s，b_t 正交，则 $spd_{\alpha\beta}^{(st)} = 0$；否则，$spd_{\alpha\beta}^{(st)} = n \, spd_{st}$，但相关系数与 r_{st} 相同；

$\alpha = \beta$ 意味着该元素在 $A_s^{\mathrm{T}}A_t$ 矩阵的主对角线位置上，由于 A 的齐整性，A 的不同列被两个不同的 b_s，b_t 替换，结果的相关系数与 r_{st} 相同。如果他们是正交的，$spd_{\alpha\beta}^{(st)} = 0$；否则，非 0。

（2）$s=t$。

对应的块 $M_s^T M_k$ 在 M 相关矩阵的主对角线上。A_s，A_t 是同一个矩阵，为 A 的 $1,2,\cdots,n$ 被同一个 b_s 替换的结果，$A_s^T A_t = A^T A$，相关矩阵是 I_{2f}。$\alpha \neq \beta$ 时，相关系数为 0；$\alpha = \beta$ 时，相关系数为 1。

综上所述，如果 B 是 OLHD，$M^T M$ 是一个对角矩阵，形状如图 13.6 左图。

如果 B 不是正交的，$M^T M$ 的相关矩阵不是对角矩阵，由 B 的相关系数决定，最大非主对角线元素的绝对值 mcc 与 R 相同。$M^T M$ 的相关矩阵的形状如图 13.6 的中间一图所示。

M 的相关系数接受 B 的遗传，耦合使 B 放大，自由度增加，虽然 mcc 不变，相关性置信水平会因自由度的变化发生变化。如果 B 是正交的，$M_i^T M_j = 0$；如果 B 是弱相关的，$M_i^T M_j \neq 0$。如果 B 的部分是正交的，部分 $M_i^T M_j = 0$，某些 $M_i^T M_j \neq 0$，根据 b_s，b_t 的具体情况而定。

M 的运行数较 B 放大了 s 倍，B 的两个列间的相关性被遗传到 M，B 的列的自由度为 $s-1$，而 M 的自由度为 S^2-1，相关性置信水平变高了。以 $s=5$ 为例，$mcc=0.2$ 遗传给 M 为 0.2，但置信水平为 0.682 1，这绝不是弱相关的；以 0.05 为相关系数门槛，不存在足够弱的 NOLH(25,12)，最好的结果是 $P=0.365\ 7$。对于 $s=9$，$r=0.05$ 对应的置信水平 P 约为 0.102；耦合到 $n=81$，置信水平 P 约为 0.342 0；对于 OLH(169，168)，$mcc=0.049\ 5$，耦合到 $n=169$，置信水平 P 将达到 0.478，远远超出了弱相关范畴。

对于 Lin[68]的结果，$M^T M$ 的规模较 B 放大了 n 倍，自由度增加，其相关性置信水平相应提高，弱相关程度显著不如 B，甚至可能是强相关的。

13.4　L-T 方法

加拿大 Simon Fraser 大学的一个研究小组的四位博士 C. D. Lin（林春芳）、D. Bingham、R. R. Sitter 和 B.Tang（唐伯欣）在 2010 年于 *Annals of Statistics* 第三期上发表了一篇论文[68]，该文取自 C. D Lin 的博士论文[72]。基于张量（克罗内克）积，定义了矩阵操作，

$$L = A \otimes B + \gamma C \otimes D \qquad\qquad (13.9)$$

其中，$A=(a_{ij})$ 为 $n_1 \times m_1$ 矩阵，$a_{ij}=\pm 1$，$D=(d_{ij})$ 是一个 $n_2 \times m_2$ 矩阵，$d_{ij}=\pm 1$，$B=(b_{ij})$ 是一个 $n_2 \times m_2$ 矩阵，$C=(c_{ij})$ 为 $n_1 \times m_1$ 矩阵。γ 为实数。$D(n,s^m)=(d_{ij})$ 是一个 $n \times m$ 矩阵，s（$2 \leqslant s \leqslant n$）个水平具有形式：

当 s 为奇数，$-(s-1)/2,\cdots,-1,0,1,\cdots,(s-1)/2$；

当 s 为偶数，$-(s-1)/2,\cdots,-1/2,1/2,\cdots,(s-1)/2$。

其应用条件是下述的 Lin[68]引理 1、Lin[68]引理 2 和 Lin[68]定理 1。

Lin[68]**引理 1**　让 $\gamma=n_2$，如果满足以下条件，则式（13.9）中的设计 L 是拉丁超立方（LHD）：

（1）B 和 C 为拉丁超立方。

（2）下列两个条件至少有一个为真：

① A 和 C 满足关系：对任一 i，如果 p，p' 使 $c_{pi}=-c_{p'i}$ 时，$a_{pi}=a_{p'i}$。

② B 和 D 满足关系：对任一 j，如果 q，q' 使 $b_{qj}=-b_{q'j}$ 时，$d_{qj}=d_{q'j}$。

Lin[68]**引理 2**　如果满足以下条件，则式（13.9）中的设计 L 是正交的：

（1）A，B，C，D 都是正交的。

（2）$A^{\mathrm{T}}C=0$ 和 $B^{\mathrm{T}}D=0$，至少有一个成立。

Lin[68]**定理 1**　让 $\gamma=n_2$，如果满足以下条件，则式（13.9）中的设计 L 是正交拉丁超立方：

（1）A 和 D 是 $\pm\mathbf{1}$ 正交矩阵。

（2）B 和 C 是正交拉丁超立方。

（3）$A^{\mathrm{T}}C=0$ 和 $B^{\mathrm{T}}D=0$，至少有一个成立。

（4）下列两个条件至少有一个为真。

① A 和 C 满足关系：对任一 i，如果 p，p' 使 $c_{pi}=-c_{p'i}$ 时，$a_{pi}=a_{p'i}$。

② B 和 D 满足关系：对任一 j，如果 q，q' 使 $b_{qj}=-b_{q'j}$ 时，$d_{qj}=d_{q'j}$。

13.5　关于 L-T 方法的若干问题的讨论

L-T 方法想从较小的 OLHD 构造出更大的 OLHD 是扩展构造 OLHD 的好概念。遗憾的是在 Lin[68]一文中没有看到该算法有效的实例。用构造相关矩阵的方法检验该作者构造的矩阵，似乎符合作者的预期，但是中间过程完全不正确。

13.5.1　关于 Lin[68]例 2

Lin[68]的例 2（以下简称例 2）的应用想从 B=OLH(16,12) 借助 L-T 算法扩展出 L=OLH(32,12)，隐藏了的算式是

$$L = (1,1)^{\mathrm{T}} \otimes B + \gamma(1/2,-1/2)^{\mathrm{T}} \otimes D \qquad （13.10）$$

对比式（13.9），A=(1,1)^{T} 不是 Hadamard 矩阵，当然也不是正交矩阵，不满足 Lin[68]定理 1 的条件（1）；C=(1/2,-1/2)^{T} 不是 OLHD，不满足 Lin[68]定理 1 的条件（2），式（13.10）不满足 Lin[68]定理 1 要求的条件，不是 Lin[68]定理 1 的应用。

在实欧氏空间中的张量积运算，通常认为张量积的性质是当两个矩阵 X 与 Y 都是正交矩阵时，$X \otimes Y$ 是正交的。如果 X 或 Y 不是正交的，便不能保证 $X \otimes Y$ 是正交的，更不能保证式（13.10）中的 L 为 OLHD。算法（13.10）不能作为张量积理论的应用。

为了要得到作者想要的结果，Lin[72]强制定义"plus ones"矩阵和单个向量都是正交矩阵。单个向量可以看作是矩阵，按照正交矩阵的定义，一般的向量不是正交矩阵，单个 $\pm\mathbf{1}$ 向量不是正交矩阵，不能当作正交矩阵参与运算，不能当作 Hadamard 矩阵或其子阵。把 (1,1)^{T} 当作 Hadamard 矩阵和正交矩阵，(1/2,-1/2)^{T} 当作 OLHD，$(x_1,-x_1)^{\mathrm{T}}$ 当作正交矩阵，不符合有关概念的数学定义。稍后，我们详细讨论如何得到所要的结果。

13.5.2　关于存在性定理

在 Lin[72]中，OLHD 存在性定理（Lin[72]定理 2.5）被描述为："当且仅当运行数 n 不等于 3 和不具有形式 4k+2（其中，k=0,1,…）时，正交拉丁超立方存在。"

该定理与零相关设计的存在性定理的必要条件[64]相同（参见第 11 章的 11.4.1 小节）。在 Lin[68]中被改写为 Lin[72]定理 2："当且仅当对于任意整数 k，$n \neq 4k+2$ 时存在多于一个因子的 $n \geqslant 4$ 的正交拉丁超立方。"

和 Lin[72]的定理 2.5 相比，内涵完全相同。都认为运行数 n 不能是 3 和

不能具有形式 $4k+2$，在这些条件下 OLHD 不存在，即正交列数为 0。但是 Lin[68]的定理 2 说不是 0，而是存在一个正交列。即当 OLHD 不存在时，Lin 说它存在一个正交列。作者的逻辑是如果不存在就是存在，0=1。任何矩阵都至少存在一个正交列。以此加强单个向量是正交矩阵的伪命题。

为此，该作者定义了一个新概念：OLHD 的最大正交列数 m^*。如果 n 是 3 或具有形式 $n=4k+2$，那么 $m^*=1$，否则 $m^* \geq 2$。该作者强调："定理 2 说正交拉丁超立方的运行数是奇数或 4 的倍数。""定理 1 提供构造 $n=8k$ 的正交拉丁超立方的方法。"还能提供更多。

OLHD 是零相关设计的子集，因而存在条件不完全相同，不能照搬零相关设计的存在性定理。在 C. D. Lin 之前，McKay，Beckman 和 Conover[58]、Ye[59]、Steinberg 和 Lin[67]等很多学者已经研究并定义拉丁超立方设计（LHD），LHD 只有一个特征，水平等间距。用满足条件（13.11）的 LHD 定义正交拉丁超立方设计：

$$x_i^T x_j = 0 \, (\forall i,j) \tag{13.11}$$

水平等间距意味着水平间距 $d = x_{i+1} - x_i =$ 常数。这个常数可以是 1，也可以不是 1，也可以不是整数。中点可以在 0，也可以不在 0 而在实欧氏空间中的任何地方。在这一定义下，对应一个运行数 n 有无穷多个 LHD 特例，它们分别具有不同的水平间距，中心点可以在 n 维实欧氏空间中的任何位置。在这个系统中，任何两个不同向量 $x_i=(x_{1i}, x_{2i},\cdots,x_{ni})$，$x_j=(x_{1j},x_{2j},\cdots,x_{nj})$之间的相关系数由式（7.31）定义，可以由式（7.33）来计算。如果 $spd_{ij}=0$ 则 x_i，x_j 是零相关的，如果 $spd_{ij}=0$ 而且 $\forall \bar{x} = 0$，则这两个向量是正交的。换句话说，要想两个向量正交，除了 $spd_{ij}=0$，还必须 $\forall \bar{x} = 0$。除了 LHD 的定义不正确，Lin[72]和 Lin[68]的存在性定理，缺少了条件 $\forall \bar{x} = 0$。该两个定理只是零相关设计的存在性定理而不是 OLHD 的存在性定理。

对 OLHD，该定理应该描述为："如果 $\forall \bar{x} = 0$ 而且运行数 n 不是 3 和不具有 $4k+2$（$k=0,1,2,\cdots$）的形式，正交拉丁超立方设计存在。"

逆否命题成立：若有任何一个 $\bar{x} \neq 0$，$n=3$ 或 $n=4k+2$，k 为非负整数，OLHD 不存在。

该定理的充分性部分不成立。

用文献 LHD 的一个特例$(1,2,\cdots,n)$的置换来定义 LHD 范畴不符合数学定义规则。它把文献上的一些典型的 OLHD 都排除在 LHD 之外，例如，Steinberg 和 Lin[67]构造的具有 12 正交列的 16 运行 OLHD，其水平间距不是 1，Mckay[58]的 LHS 的水平是小数。

13.5.3 例 2 的正解

根据 13.1 节的 13.1.2 小节描述的正交矩阵的堆叠操作的性质，容易证明，正交矩阵的堆叠操作可以进行复合堆叠，如果 X 和 Y 是两个同维的正交矩阵，α 和 β 为两个实数，则

$$Z = \alpha\, S(X,X) + \beta\, S(Y,-Y) \qquad (13.12)$$

是正交的。

用张量积理论不能解决的例 2 的问题，用正交矩阵的可堆叠性质可以得到完满的解释。在式（13.10）中，$(1,1)^{\mathrm{T}} \otimes B$ 不过是 $S(B,B)$ 的一种写法。$\gamma(1/2,-1/2)^{\mathrm{T}} \otimes D$ 不过是 $\gamma/2S(D,-D)$ 的一种写法。要实现例 2 的目的，必须使用正交矩阵的可堆叠性质：假设 A 是一个 $n\times m$（$m>1$）维正交超立方矩阵，其水平间距为 δ，在式（13.12）中令 $X=A$，$\alpha=1/\delta$，$\beta=1$，Y 是与 A 同维的 Hadamard 子阵，得到的就是式（13.10）中的 L；否则，就必须修改张量积的基本性质的叙述并加以证明。但作者没有叙述并证明这个命题。同理，假如令 $Y=A$，$\alpha=1$，$\beta=1/\delta$，X 是与 A 同维的 Hadamard 子阵，则得到的就是 Lin[68]命题 1 中的 U。因为 A 是正交的，L 和 U 都是正交的，与 Lin[68]的定理 1 没有任何关系。

Lin[74]的命题 1 说："(L,U) 是具有 $2m_1m_2$ 个因子的正交拉丁超立方，需要证明 L 和 U 满足条件 $L^{\mathrm{T}}U=0$，才能成为命题。"

13.5.4 Lin[68]定理 3 不是该文定理 1 的应用，而是例 2 的应用

正是从 Lin[68]例 2 和命题 1 出发，而不是根据该文定理 1，导出了 Lin[68]的定理 3 及其后的所有结果。

Lin[72]定理 3 假设 OLH(n,m)可用，其中 n 为 4 的倍数，相应的 n 阶 Hadamard 矩阵存在，有以下结果：

（1）正交拉丁超立方 OLH$(2n,m)$，OLH$(4n,2m)$，OLH$(8n,4m)$ 和

OLH(16n,8m)都可以被构造。

（2）正交拉丁超立方 OLH(2n+1,m)，OLH(4n+1,2m)，OLH(8n+1,4m)和 OLH(16n+1,8m)也都可以构造出来。

该作者用所谓构造证明法证明该定理。

部分（1）的实现，就是使用例 2 的算法。首先，从 OLH(n,m)得到 OLH(2n,m)；从 OLH(2n,m) 得到 L=OLH(4n,m)和 U=OLH(4n,m)，从(L,U) 得到 OLH(4n,2m)。重复应用同样的方法得到 OLH(8n,4m)和 OLH(16n,8m)。所谓重复应用同样的方法就是递归调用例 2 的算法。例 2 是非法的，对它的调用当然是非法的，反复使用没经过合法性证明的结果，其合法性不存在。

为了得到 Lin[72]定理 3 部分（2）的结果，Lin 定义了一个与本章 13.1 节定义的堆叠操作一模一样的堆叠操作[68,72]，并都主张："注意，D_a 和 D_b 本身不一定是拉丁超立方。"两个正交矩阵堆叠的结果是不是正交的都没有作证明，何谈堆叠起来会得到 OLHD。不幸的是，即使被堆叠的两个矩阵都是 OLHD，堆叠结果也未必是 OLHD。两个不是 LHD 的矩阵堆叠为 OLHD 只能是偶然情况，不可能是普遍规律。

该作者命名了两个堆叠法，与该 Lin[68]定理 1 没有关系。这些被堆叠的矩阵可以是原创的较小规模的矩阵，也可以是通过递归调用例 2 算法产生的结果。因为例 2 的原解是非法的，这样的调用是非法的，不属于堆叠操作的范畴。既然 Lin[68]定理 3 的部分(2)是用这样的堆叠法构造出来的，堆叠操作与 Lin[68]定理 1 没有关系。因此，该定理 3 与其定理 1 没有关系。

Lin[68]定理 3 不合法，其命题 2 以后的所有结果都不合法，无需一一讨论。

13.6　关于 OLHD 存在性定理的充分性问题

Lin 的两个存在性定理都描述成充要条件，称 OLH(4,2)、OLH(5,2)和 OLH(7,2) 分别与正交矩阵 O_2 反复堆叠能产生所有结果。这种堆叠结果不可被接受为 OLHD。

一个正交试验设计区别于一般正交矩阵，不仅要求它列正交，边际分布是均匀的，联合分布也应该是均衡的。上述堆叠结果不均衡。

$$\boldsymbol{O}_2 = \begin{pmatrix} x_1 & -x_1 & x_2 & -x_2 \\ x_2 & -x_2 & -x_1 & x_1 \end{pmatrix}^{\mathrm{T}}$$

（a）

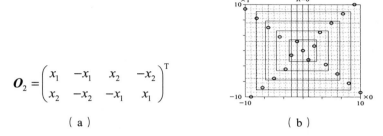

（b）

图 13.7　$\boldsymbol{O}_2$ 及 OLH(5,2)与 $\boldsymbol{O}_2$ 堆叠四次的结果

　　图 13.7（b）为 OLH(5,2)与 $\boldsymbol{O}_2$ 堆叠四次的结果。继续堆叠的结果是四条射线将无限延长，实验点呈"×"形分布。这种分布极不均衡。这类表用于试验设计意味着风险，在本书的前面 11.2 节定义零相关矩阵的时候已经讨论过了。

>>>>>>>>

第 14 章　试验数据分析

14.1　直接比较

非齐整 OA 的点充分地分散，分布均衡。将实验结果直接进行比较，最大(假如最大为优)的响应值是响应变量在该实验区域内最大值的估计。从而得到一个因子-水平组合，它是最优工艺的一个估计，所见即所得，不存在推理问题。例如，一组实验得到结果如表 14.3 所示，比较"观察值"，第 7 号实验的响应最大，第 1 号实验的响应最小。

这里没有要求因子必须是定量的。这意味着，不规则 OA 可以以这种方式用于包含定性因子的实验设计。

14.2　表式分析

由于变量间弱相关，回归系数估计值之间弱相关，即使没有计算机辅助，利用手工也很容易从差乘和矩阵得到回归系数的估计值，微弱的相关性可以忽略。

这是一种类似于方差分析的表式分析。为演示计算过程，我们假设一个线性过程具有以下函数形式，

$$y=71.8+5.12x_0-0.73x_1+9.62x_2-0.008\,3x_3 \tag{14.1}$$

使用弱相关矩阵 w7h3o，用式（14.1）作试验数据发生器。表 14.1 为模拟数据的模拟样本的差乘和矩阵，最底下的一行紧凑地安排了回归系数估计值，二者的结果相同。

模拟试验数据见表 14.1。由于差乘和矩阵中与试验变量有关的非对角元素大多为 0 或接近于 0，可以按表 14.2 的方式估计回归系数，要计算的只有那几个粗体字，即使没有计算机，用手工计算也可以很快完成。如表

所示，由于设计方案相关性非常微弱，接近正交，均值也提供了回归常数的准确估计。由于 x_1 与 x_3 有微弱的相关性，这两个变量的回归系数有微弱的相关性，估计值与原值有微小的误差。如果采用弱相关矩阵 W_8（它有四个零相关列），结果更好，见表 14.3。

表 14.1　模拟数据的差乘和矩阵

	1	2	3	4	5
1	28	0	0	0	143.36
2		28	0	−1	−20.431 7
3			28	0	269.36
4				28	0.497 6
5	**5.12**	**−0.729 7**	**9.62**	**−0.017 7**	3 340.157

表 14.2　模拟数据及表格式分析计算方法

	x_1	x_2	x_3	x_4	y
1	−3	−3	−2	−1	39.398 3
2	−2	0	3	3	90.395 1
3	−1	2	1	−2	74.856 6
4	0	3	−1	0	59.99
5	1	1	−3	1	47.321 7
6	2	−1	2	−3	102.034 9
7	3	−2	0	2	88.603 4
$\bar{x}$	0	0	0	0	**71.800 0**
$ss = \sum x^2 - cf$	**28**	**28**	**28**	**28**	**3 340.157**
$spd = \sum\limits_{k=1}^{7} x_k y_k - 7\overline{xy}$	**143.36**	**−20.431 7**	**269.36**	**−0.497 6**	
$\hat{\beta} = spd / s^2$	**5.12**	**−0.729 7**	**9.62**	**−0.017 7**	

这就是完全回归，用于零相关-弱相关试验设计，微弱的相关性会部分地得到消除。微小的回归系数删除之后，不必重新建模，重新估计参数，预报偏差很小，因此不必做逐步回归。如果事前的设计为正交的，逐步回归分析结果与从差乘和矩阵中得到的结果相同，还提供了回归常数的准确估计。

14.3 最小二乘回归分析

不规则 OA 非常适合回归试验设计。我们特别推荐向后逐步回归，所需实验数少，显著因子选择更可靠，参数估计更准确。它允许变量之间有一定的相关性。

假设一个实验过程包含 4 个因子，用函数（14.1）做数据发生器，按 W_8-h4o 设计 8 个实验，产生了 8 个实验数据，见表 14.3。

表 14.3 四因子过程的实验设计及其主效应估计方法

	x_1	x_2	x_3	x_4	y
1	1	−4	1	1	89.451 7
2	2	−7	5	6	135.200 2
3	3	−5	3	−1	119.678 3
4	4	−2	7	4	161.046 8
5	5	−6	4	2	140.243 4
6	6	−1	0	5	103.208 5
7	7	−3	6	0	167.55
8	8	−8	2	3	137.815 1
$\bar{x}$	4.5	−4.5	3.5	2.5	131.774 3
s^2	42	42	42	42	5 010.254
$cps = \sum_{k=1}^{8} x_k y_k - 8\overline{xy}$	215.04	−30.66	404.04	−0.348 6	
$\hat{\beta} = cps / s^2$	5.12	−0.73	9.62	−0.008 3	

将这一组实验数据用线性回归分析处理得到结果见图 14.1，所得结果与原函数完全相同。

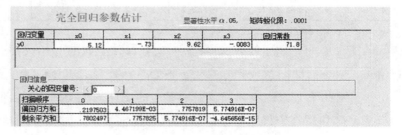

图 14.1 线性回归

如果没有计算机程序，这个回归过程可以用表式计算代替，这就是正交设计的优越性。如果试验设计是正交的，因变量均值也是回归常数的估计值。一般地，回归常数由

$$\hat{\beta}_0 = \overline{y} - \sum_{i=1}^{p} \hat{\beta}_i \overline{x}_i \qquad (14.2)$$

计算。

于本例，

$$\hat{\beta}_0 = 131.774\,25 - 5.12 \times 4.5 - 0.73 \times 4.5 - 9.62 \times 3.5 + 0.008\,3 \times 2.5$$
$$= 71.8$$

设计表 14.3 是零相关的，回归系数估计值与式（14.1）一致。比较表 14.2 和表 14.3 可以发现，倘若使用了有相关性的列，相应因子的系数估计值间就会有一定的相关性。毋庸置疑，设计的因子之间的相关性越弱，参数估计值之间的相关性越弱。向后逐步回归分析方法可以对弱的相关性做出好的校正。

在得到了回归参数估计之后，优化推断则可以根据所得函数的形式去决定寻优策略。本例为线性函数，其在试验范围内的最大最小点显而易见。关于寻优方法另行讨论。

采用哪个阵列做实验设计模板，取决于回归模型待定参数个数和预留误差自由度数目。

第 15 章　弱相关设计的应用

15.1　排除羧基亚硝基氟橡胶的质量故障

某小组开发羧基亚硝基氟橡胶（CNR）合成技术，已经做了数年数百次聚合试验，质量仍不能满足应用要求。反馈的意见主要有三条：

（1）生胶太软，炼胶时极容易黏辊，不好操作。

（2）硫化过程中严重腐蚀模具。

（3）压缩永久变形太大，作为密封材料寿命太短。

是什么原因导致了这些问题？如何解决这些问题？

笔者试图建立一个实验模型来归纳和分析这些实验数据，用正交设计的方差分析找到解决问题的方法。

15.1.1　故障的一般描述与宏观分析

橡胶合成工艺是一个包含很多子系统的大系统，某些子系统又包含很多复杂的子系统，任何一个环节的失误，都可能导致系统的总输出不符预期。

粗略地归纳，过程中包含 6 个方面的上百个变量。这众多因素中，有一些是非数字的，例如聚合方法和溶剂品种、产地等。

（1）原材料与工艺因素：羧基橡胶由三种单体聚合而成，每一种单体又有纯度和配比的两方面的问题。聚合有本体聚合和溶剂聚合两种方法，使用溶剂聚合时，不同溶剂品种、不同产地、不同纯度也会影响产品质量。

（2）聚合控制参数：聚合方法、溶剂类型、溶剂产地、溶剂纯度、聚合压力、温度、时间和聚合釜型等。

（3）后处理条件：洗涤时间、pH 值控制、烘焙温度、烘焙时间和真空度等。

（4）生胶参数：特性黏数、羧酸含量等。

（5）检验制样条件：生胶量，硫化剂品种，硫化剂用量，补强剂品种，补强剂用量，其他辅剂的品种与用量，炼胶时间，炼胶方式，硫化温度、压力、时间等。

（6）制品性能：介质性能、扯断强度、相对伸长率、拉伸永久变形率、硬度和压缩永久变形率等。

在正常情况下，可以使用统计学方法寻找影响质量的因子。这就必须把实验数据整理成计算机能够接受的样子，如第 5 章的表 5.1。但现有的这些实验是无设计的，包含很多定性因子，数据残缺不全，没有整理记录。况且，当时我们没有计算机，没有回归分析软件，即使有计算机做回归分析也不能处理这些数据。正交设计的方差分析可以处理定性因子，但凌乱的数据不适合用正交表做数据处理模型。

生胶很软，因而黏辊。按照高分子的一般理论，特性黏数低意味着分子量低。分子量太低当然会导致压缩变形大，提高特性黏数的意见没有错。造成分子量低的原因很多，有单体质量的原因，有溶剂的原因（采用溶剂聚合时某些溶剂有阻聚作用或包含阻聚因子）。制定溶剂筛选计划和提高单体纯化指标的指令也是正确的。腐蚀模具的物质主要是强酸类，表明后处理不彻底，加强后处理的意见也很正确。

每个岗位都不认为问题出在自己的岗位上。处理故障，不能盲动，必须冷静，寻找到问题的关键，设计出合理的实验模型。

我们不妨换一个思考方式。

腐蚀性太强，是由于胶中含有强酸。强酸的来源有两条途径：一是游离酸，一是结合酸。后处理只能处理掉游离酸，不可能调整结合酸。游离酸容易去掉，剩余游离酸不可能很多，不是造成严重后果的主因。生胶合成含有羧酸单体，以羧基为交联基，当用强酸盐类物质做硫化剂时，交联过程中放出一种强酸，腐蚀模具。橡胶的酸含量太高可能是肇因。

黏辊，是一种现象，特性黏度低不是黏附力强的理由。含有羧基的高分子具有好的附着力，羧基橡胶中含有羧基官能团，所以具有附着力。羧基官能团含量越多，附着力越强。附着力太强，必定是羧基含量太多。要降低附着力就应当降低胶中羧基官能团含量。

压缩永久变形大，导致压缩永久变形的原因可以有两方面的原因，不是只有分子量低一个因素。交联密度是橡胶的重要性质，使其具有良好的弹性和压缩永久变形性能，从而区别于塑料。羧基橡胶的交联密度恰与羧基官能团含量有关。交联密度太小，其抗应力的能力很低；交联密度过大，也会降低压缩永久变形性能。

用户反馈的每一种质量现象都与羧基官能团含量（记作 C）有关，大体上可以做出判断，羧基含量需要调整。C 值太小不行，太大也不行，一定存在一个优化点。原则上可以针对 C 值做定量实验。但是，尽管这是基于橡胶基本知识对故障现象和现象与现象之间关系的一种分析，也是一种判断，在实现之前还只能是一种猜想。笔者不是试验计划的决策者，不能由此提出参数调整的建议，应该有足够的证据才能说服有关决策者接受这一建议。为此，必须整理过去的实验数据，然后建立实验模型和预报模型，来处理这些数据，以期找到更确切的证据。

15.1.2　实验模型与样本

1. 实验模型设计

CNR 产品主要报告两个参数，特性黏度（η）和酸值（C），即羧基的摩尔含量。η 和 C 作为系统的输出，也决定了该产品的性能。在过去的聚合工艺与配方的设计中大多强调特性黏度，而忽略 C，以致许多样品不能被硫化，而不引起人们的注意。人们说不出 C 的意义和应该控制在什么范围（某些文献说羧基单体的摩尔百分数控制范围在 1% ~ 2%）。不能硫化的恰恰是 C 值高的样品。

什么样的产品好相当于什么 η 和 C 参数组合好。η 和 C 组合好，还需要加工工艺的配合。如果不能硫化或硫化不熟，不能测试样品的性能。因此，为了研究 η 和 C 的作用和效应，还必须研究硫化剂的用量和基本的硫化配方和工艺。需要量化基本的硫化工艺。固定一个基本配方，检验配方，让其中的硫化剂用量（记作 S）在一个范围内变化，以保证样品硫化。基本的加工条件，记作 G。硫化温度、压力和时间都是数量因子，若按三个数量因子进行定量实验，系统多了三个因子，需要增加很多实验。定义 G 的两种状态：第一种状态，低温、低压和短的硫化时间；第二种状态，高温、高压、长时间。所谓高、低两种状态相距不太远。把三个因子化简成了一个二水平因子，可以减少实验数目。以 η、C、S 和 G 四个因子构成系统输入，为演示分析过程，以加速老化压缩永久变形，拉伸断裂强度为性能输出，构成四元预报模型，我们要做的是估计这四个变量的效应及其优化参数。

$$y=b_0+b_1(\eta)+b_2(C)+b_3(S)+b_4(G)+e \qquad (15.1)$$

其中，$b_i(x)$是因子 x 的效应估计，是 x 的函数，依 x 的位置不同而不同，e 为预报误差。这意味着我们假设性能 y 是四种效应的叠加，每一个效应都是该因子的函数。三水平设计可以暴露每个因子依水平不同的变化特征。剩下的问题是搜集数据样本，来估计这些参数，从这个预报方程求取优化的参数组合。

2．从现有实验库中搜集数据样本

我们希望获得一个数据样本跨越变量的从低到高的范围且交互分布均匀，最理想的情况是满足正交设计的实验模型。虽然我们已经做了 500 多个实验，但是时间跨度达 4 年，条件不一，数据凌乱。初步整理发现，η 和 C 变化范围不大，C 值高的样品没有硫化过，没有数据。不能取得满足要求的正交设计样本。

我们猜想交联具有羧酸与强酸盐的化学反应的性质，交联点具有类盐结构。那么，高 C 胶需要有较多的硫化剂才能硫化。将过去未能硫化的高羧胶的硫化剂加大一倍，果然硫化了，并取得了数据，印证了交联具有羧酸与强酸盐的化学反应的性质的猜想。这样，我们将 η，C 和 S 设计为三水平因子，以正交表 $L_9(3^4)$ 为模板，搜集数据，数据不全的加以补充。将工艺因子设计为两水平因子。尽力寻找 18 个实验，让他们适合两个 $L_9(3^4)$，其中第一组适合 G 的第一水平，第二组适合 G 的第二水平，不够则加以补充，让两个 $L_9(3^4)$ 堆叠起来，整体上构成序贯设计，具有 $L_{18}(2^1 3^4)$ 的模式。可以考察工艺条件对各项性能的影响以及各因子的效应随工艺条件变化的变化趋势。按正交设计的模型在正交点附近选取实验数据，得到样本如表 15.1 所示。

表 15.1 近似正交设计方案挑选的一组实验数据样本

序号	变量名					
	x_0	x_1	x_2	x_3	y_0	y_1
	G	C	η	S	$Y5$	K
1	1	1	2	5	69	17.32
2	1	1	3	7	64.1	14.63
3	1	1	1	3	76.6	14.76
4	1	2	2	7	72.4	17.45
5	1	2	3	3	59.9	19.13
6	1	2	1	5	65.7	14.39
7	1	3	2	3	68.5	17.02
8	1	3	3	5	69.8	14.11
9	1	3	1	7	75.8	14.1
10	2	1	2	5	72.6	15.31
11	2	1	3	7	69.9	15
12	2	1	1	3	80.9	13.16
13	2	2	2	7	74.7	14.8
14	2	2	3	3	59.8	18.67
15	2	2	1	5	67.6	13.47
16	2	3	2	3	66.6	14.69
17	2	3	3	5	61.2	15.71
18	2	3	1	7	70.3	12.45

表 15.1 的采样设计是正交的，但样本的实际数据不在正交点上。四个因子中硫化剂用量 S 和工艺因子 G 的水平设计是齐整的，发生偏差的是特性黏度 η 和酸值 C。这两个因子实际的 18 个点的分布见图 15.1 左边的点图。该图上的点标示了试验点的位置，旁边的数字标出该点叠合了另外的点的数目。看起来还是比较均衡的。相关系数矩阵（相关矩阵）如图 15.1 的右边的矩阵所示。mcc 为相关矩阵中该列的最大相关系数，P_{max} 为对应于 mcc 的置信水平。该试验设计是弱相关的。因子之间最大的相关性比较弱，其中工艺与 η 的置信水平为 $P=0.153\,8$，但仍在弱相关的范围内。换句

话说，这个设计是一个弱相关近似正交设计。由于这种性质，我们可以按 $L_{18}(2^1 3^7)$ 的模式进行方差分析（ANOVA），而不需顾及 **X** 的真实数据。会有误差，但不会从根本上改变统计结果。

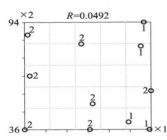

Pmax		).0767	).1538	).0129
mcc		).0244	).0492	).0041
	0	1	2	3
0		).0244	-0.027	0
1			).0492	0
2				).0041
3				

图 15.1　采样设计的点分布与相关矩阵

15.1.3　方差分析

1. 各个显著因子对拉伸断裂强度的影响的方差分析

拉伸断裂强度与各因子之间关系的方差分析见表 15.2。

表 15.2　拉伸强度与各因子之间关系的方差分析（第 5 列为误差列）

1 水平和	142.91	90.18	96.59	90.31	96.98	
2 水平和	133.26	97.91	97.25	88.43	89.2	
3 水平和		88.08	82.33	97.43	89.99	
1 水平效应	0.536 111 1	−0.312 777 8	0.755 556	−0.211 111	0.820 555 6	
2 水平效应	−0.536 111 1	0.975 555 5	0.865 555 6	−0.604 444 4	−0.476 111 1	
3 水平效应		−0.662 777 8	−1.621 111	0.895 555 6	−0.344 444 5	
误差平方和	5.173 472	8.932 878	23.688 31	7.512 711	6.111 811	
自由度	1	2	2	2	2	
误差标志					误差列	
F 值	5.452 231	4.707 102	12.482 35	3.958 757	3.220 565	$F_{0.05}$=4.45
置信水平	95	95	99	75	75	$F_{0.25}$=1.65

　　在计算机试验分析程序中试验设计及数据表与方差分析本是一体的。因为试验设计与数据表太大，表 15.2 中设计与数据表未显示。正交表 $L_9(3^4)$ 有 4 个三水平列，安排 3 个三水平因子，剩余一列为误差列。按序贯设计

模式，将两个 $L_9(3^4)$ 堆叠后，第一列安排二水平因子，则第五列为误差列。18 个试验有 17 个自由度，试验因子占 7 个自由度，实际的误差自由度为 10。按 $L_{18}(2^13^7)$ 模式，8 个列只占有 15 个自由度，实际自由度为 8。本例按 $L_{18}(2^13^7)$ 模式处理，误差自由度为 8。

其中的 F 检验临界值由程序计算得到。这项工作是 1973 至 1974 年完成的，当时为手工处理，该表由作者 2009 年开发的程序 ORO V.1.0 完成，结果一致。图示的是效应，对应于预报模型中的 $b_i(x)$，其中 b_0 用所预报的性能的样本均值代入。

显著因子对拉伸断裂强度的效应图示见图 15.2、图 15.3 和图 15.4。从 ANOVA 表可以看出，严苛的硫化条件（高温高压）对制品的拉伸强度显著不利，这是一个两水平因子，趋势图被省略。

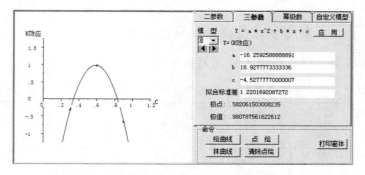

图 15.2　酸值 C 对拉伸强度的影响图解

酸值 C 对拉伸强度的影响显著，拉伸强度峰点在 $C=0.58$，极大值为 0.981。当 $C<0.58$，拉伸强度随酸值 C 的增加而增加，而其后快速下降。

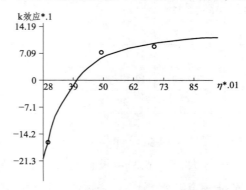

图 15.3　特性黏度 η 对拉伸强度的影响趋势图解

特性黏度对拉伸强度的影响很显著，置信水平达到 0.99，随特性黏度增加拉伸强度逐渐增加，但不会无限增加，没有极值点。

硫化剂对拉伸强度的影响存在，数据提示其置信水平为 0.75，对于误差比较大的试验，是可信的。

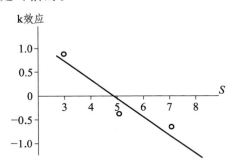

图 15.4　硫化剂用量 S 对拉伸强度影响趋势图解

2. 各个显著因子对压缩永久变形的影响的方差分析

选择 5 天而不是一天的加速老化的数据 Y5 来研究该橡胶的压缩永久变形性能，能更好地反映制品的耐老化性能。各因子对压缩永久变形率的方差分析见表 15.3，F 临界值同前。

表 15.3　各因子对压缩永久变形率的方差分析（第 5 列为误差列）

1　水平和	621.8	433.1	423.8	405.9	407.4
2　水平和	623.6	400.1	384.7	427.2	402.4
3　水平和		412.2	436.9	412.3	435.6
1　水平效应	−0.1	2.944 4	1.444 44	−1.538 889	−1.288 889
2　水平效应	0.1	−2.505 556	−5.072 222	2.111 11	−2.122 22
3　水平效应		−0.488 889	3.627 778	−0.472 222 2	3.111 11
误差平方和	0.18	92.901 11	245.847 8	39.814 45	106.804 4
自由度	1	2	2	2	2
误差标志					
F 值	0.0587126	4.095 716	10.838 65	1.755 293	4.708 669
显著性		75	99	75	95

如图 15.5 所示，酸值 C 对压缩永久变形率的影响存在，峰值在 $C=0.67$，极值为 -2.707。当 $C<0.67$，随酸值 C 的增加迅速降低，而后快速上升，置信水平为 0.75。

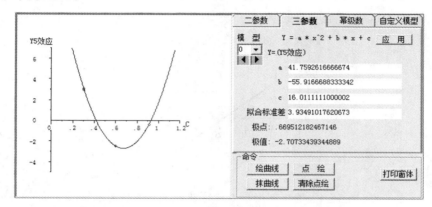

图 15.5　C 值对压缩永久变形的影响趋势图解

如图 15.6 所示，特性黏度对压缩永久变形率的影响很显著，随特性黏度的增加，以很大的斜率直线下降。

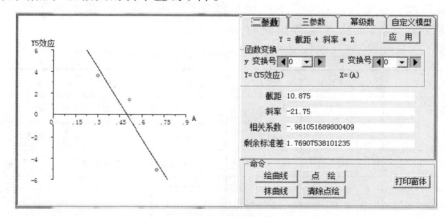

图 15.6　η 对压缩永久变形的影响趋势图解

如图 15.7 所示，硫化剂用量对压缩永久变形率的影响显著，方差分析表明最佳用量为 4.46 份，效应极值为 -1.706。实验表明，硫化剂用量太少时硫化可能不充分，如果硫化剂用量太多不利。二者之间存在交互效应，由于试验数太少，不能支持对交互效应的估计。

不能硫化的高酸值样品将硫化剂加大一倍后被硫化的事实可以看出硫

化剂的用量与酸值有关。把硫化过程看作化学反应，酸值应该与硫化剂用量匹配，确切地说，按酸值当量配用硫化剂。

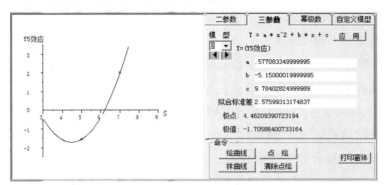

图 15.7　S 对压缩永久变形的影响趋势图解

15.1.4　结果与讨论

上述分析证实了我们先前的猜想，确认了交联官能团的单体用量是一个超级因子。将产品的酸含量控制在 0.6 左右。用户提出的质量现象可以消除。至此，可以形成一个优化方案，估计我们当时的羧基单体的竞聚率为 0.8，控制其单体用量为 0.8。预计产品的 C 值为 0.64 左右。实验结果印证了上述预报，C 值为 0.64。意外的收获是特性黏度比过去提高了一成以上。用户接受了该产品。

如何继续提高 CNR 的性能？

从方差分析结果看，要提高制品的拉伸断裂强度，应该尽力提高特性黏度 η，同时控制酸含量 C 值在 0.58 左右，硫化剂应该与酸值按摩尔当量匹配，硫化加工条件不宜过强，维持第一水平工艺条件适宜。要降低压缩永久变形率，应该尽力提高特性黏度 η，酸值 C 宜于控制在 0.67 左右，硫化剂应该与酸值按摩尔当量匹配。硫化加工工艺影响不显著。综合起来看，特性黏度越大越好，酸值存在优化区间，在 0.6 左右，硫化剂用量应该与酸值按摩尔当量匹配，硫化的温度、压力与时间不宜过强。

上述方差分析是对过去实验数据的分析与归纳，数据样本不是严谨设计的实验结果，系统误差比较大，加之使用的是近似正交设计，G 与 η 之间的最大的置信水平为 0.153，这个值在弱相关范围内，毕竟不是正交的，相关性比较强。酸值的最佳控制点需要继续实验确定，我们猜想在 0.48 至 0.64 之间，较 0.64 再降低一些，特性黏度还可以提高，性能还可以进一步得到改善：压缩永久变形率还可以再降低，拉伸断裂强度可以进一步提高，成本可以进一步降低。

特性黏度是提高 CNR 性能的最重要因子。除了橡胶工艺之外，合成工艺继续提高 CNR 的性能的途径包括：

（1）采用本体聚合工艺。溶剂聚合有传热传质的优势，但溶剂中有含阻聚成分的嫌疑。宏观地看，溶剂聚合产品的特性粘度比本体聚合显著为低。假如本体聚合的特性黏度高 0.3。由图 15.8 标出的结果，可以计算出 $\eta=0.6$ 与 $\eta=0.9$ 的效应，预计压缩永久变形率将降低 6.525，这是一个非常可观的效果。这意味着后者制作的密封件的密封寿命预期要长两成至三成。由图 15.2 估计，拉伸断裂强度的效应也可以提高 3.5 左右。美国的 CNR 聚合工艺就是采用的本体聚合[9]。

（2）同一个聚合系统降低羧基单体的用量两成后，特性黏度稳定地提高了一至两成，这是羧基单体包含阻聚成分的旁证。

15.2 回归分析用于试验分析的过程

假设一个实验系统包含三个因子，实验得到了一个足够大的样本，可以用如下的回归模型（15.2）拟合数据样本：

$$y = a_0 x_0 + a_1 x_1 + a_2 x_2 + a_3 x_0 x_1 + a_4 x_0 x_2 + a_5 x_1 x_2 + a_6 x_0^2 + a_7 x_1^2 +$$

$$a_8 x_2^2 + a_9 x_0 x_1 x_2 + a_{10} + e \qquad (15.2)$$

经过完全回归分析得到了完全回归函数，如图 15.8 所示。

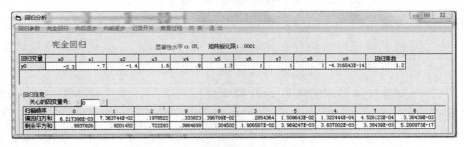

图 15.8　从试验样本得到完全回归函数

向后逐步回归分析从完全回归函数筛选因子得到了一个逐步回归预报函数，如图 15.9 所示。

回归分析										
回归参数　完全回归　向后逐步　向前逐步　记录开关　显著过程　仿真　退出										

向后逐步回归　　　　显著性水平 α .05,　矩阵较化限：.0001

回归变量	x0	x1	x2	x3	x4	x5	x6	x7	x8	x9	回归常数
y0	-2.3	-.7	-1.4	1.6	.9	1.3	1	1	1	0	1.2

图 15.9　从完全回归函数得到逐步回归预报方程

检验向后逐步回归得到的预报方程的拟合效果，见图 15.10。

拟合效果

关心的因变量号：< 0 > 标准差= 1.901144E-14

序　号	原　值	计算值	偏差	相对偏差 %
1	20.8	20.8	-2.842171E-14	-1.366428E-13
2	79.6	79.6	1.421085E-14	1.785283E-14
3	17.1	17.1	-2.131628E-14	-1.246566E-13
4	13.06	13.06	2.131628E-14	1.632181E-13
5	13.4	13.4	2.131628E-14	1.590767E-13
6	3.6	3.6	-1.021405E-14	-2.837237E-13
7	8.12	8.12	1.776357E-14	2.187632E-13
8	3.4	3.4	-2.220446E-15	-6.530724E-14
9	25.68	25.68	1.776357E-14	6.917278E-14
10	1.7	1.7	-2.176037E-14	-1.280022E-12
11	6.14	6.14	-5.329071E-15	-8.679268E-14
12	106.08	106.08	0	0

图 15.10　检验预报方程的拟合效果

整理，将求得的回归系数代入到方程（15.2）中，回归系数为 0 的项予以删除，得到通常形式的函数：

$$y = -2.3x_0 - 0.7x_1 - 1.4x_2 + 1.6x_0x_1 + 0.9x_0x_2 +$$

$$1.3x_1x_2 + 1x_0^2 + 1x_1^2 + 1x_2^2 + 1.2 \tag{15.3}$$

15.3　利用弱相关矩阵快速寻找函数的最大值

如果一个方程的形式很复杂甚至包含超越函数，求其最大值是一个困难问题。理论上有很多方法，例如求极值的方法，绘制登高线法和网格法等。求极值的方法很完美，不是每个预报方程都满足极值存在的条件。绘制登高线法，m 个因子有 $(m-1)(m-2)/2$ 幅等高线图，绘制其中一幅已经不是一件简单的事，绘制$(m-1)(m-2)/2$幅等高线图并确定最优解，其难度可想而知。网格法非常慢，有多少个变量就有多少层循环，哪怕 5 个变量，每个变量的实验区间划分 20 层，计算点数达 $20^5=3\ 200\ 000$ 点之多，需要很多机时才能结束搜索过程，网格精度为 1/20。

以下的方法基于弱相关阵列的试验点分布不规则，均衡分散的特点，可以很快地求得近似解，下面我们用一个模拟例演示求解过程。

假设用回归模型（15.2）拟合实验样本，回归分析得到了一个预报函数，如式（15.3）所示。

用网格法，将矩形区域用 1/20 的精度，$20^3=8\ 000$ 个试验点，在笔者当时（2007 年）的便携式计算机上需要几个小时才能结束一轮搜索过程。

这个函数的一个因变量与两个因子之间的关系的立体图像如图 15.11 所示，同时产生该立体图像的等高线图，并记录到最大（最小）值和位置。在笔者的设备上大约需要两分钟。要确定其对应不同参数组合的最优化点，需要绘制很多幅这样的图。

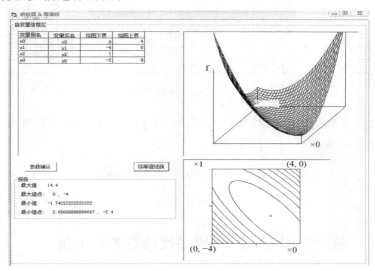

图 15.11　从回归预报方程绘制三维图和等高线图

弱相关设计的试验点均衡分散性好，例如，使用 W_{33}-h6o 弱相关表的前 3 列研究 3 个变量，刹那就得到了模拟结果，一张模拟计算表，如图 15.12 所示。

预报

变量别名	x0	x1	x2	变量别名	y0
变量实名	x0	x1	x2	变量实名	y0
1	1	-1.8	1.099	1	-.393359
2	1.11	-2	1.253	2	-.463144
9	1.88	-2.05	1.198	9	-1.52615
10	1.99	-1.75	1.055	10	-1.575995
11	2.1	-2.4	1.066	11	-1.511224
12	2.21	-2.85	1.132	12	-1.204888
13	2.32	-2.45	1.209	13	-1.687692
25	3.64	-1.85	1.11	25	.66561
26	3.75	-1.7	1.242	26	1.768194
27	3.86	-3	1.088	27	-1.009344
28	3.97	-2.3	1.286	28	.723434
29	4.08	-1.4	1.33	29	4.63326
30	4.19	-2.65	1.297	30	.520231
31	4.3	-2.55	1.352	31	1.228964
32	4.41	-2.25	1.011	32	1.928805
33	4.52	-2.1	1.022	33	2.90832

因变量	最大值	尝试号	最小值	尝试号
y0	4.63326	29	-1.687692	13

图 15.12　弱相关表 W_{33}-h 的前 3 列研究 3 个变量的模拟结果

上述过程的结果与网格法相当。网格法需要三层 33 点的循环，计算 35 937 个网点上的值。

这种方法不需要正交，试验点随机、均衡分散即可。W_{33}-h6o 最多可以研究 32 个因子的优化过程。和网格法相比，在同样的精度下，计算量是网格法的 $1/n(m-1)$。因子越多，效率越高。进一步提高精度可以使用更大一点的弱相关表，或者移动搜索区域缩小搜索范围，加密网格，可以得到更精确的结果。不限于超立方类型，可以使用固定水平和混合水平类型。都有 n 行 $n-1$ 列，其中包含一个零相关子阵（如果存在）。

15.4　快速寻找方程的解

上一节的方法可以用于快速求解方程的近似解。

假设预报方程为

$$y=f(\boldsymbol{X},\boldsymbol{B}) \tag{15.4}$$

其中，$\boldsymbol{X}=(x_1,x_2,\cdots,x_m)$，$\boldsymbol{B}$ 为一组由试验估计出来的参数。求 y 在区间 D：$\{[d_i,u_i]\forall i\}$上的最大（最小）点（注：d_i 为 x_i 的下界，u_i 为上界）。

　　这里，假设该函数在所研究的区域内只有一个零点。假设式（15.4）在区域 D 上有定义，函数 $f(X)$ 有三个特征值：最大值 f_{max}、最小值 f_{min} 以及该函数的绝对值的最小值 $|f|_{min}$。这三个值一定存在。f_{max} 和 f_{min} 是优化过程的参数。如果 f 在 D 上的零点存在，$|f|_{min}$ 是函数零点的近似解。经过一轮搜索，极小化 $|f|_{min}$，即使没有找到零点，可以确定零点的大致位置，缩小搜索范围，提高分划精度，再搜索一次，将提高解的近似程度。重复几次，$|f|_{min}$ 将被极小化，逼近零点。无论该函数多么复杂，这个方法和网格法相比，计算速度快；和迭代法相比，没有初值问题，也没有不收敛的疑虑。

第 16 章　乳液聚合的实验模型设计

16.1　乳液聚合

乳液聚合是指在乳液介质中，有引发剂存在的条件下，使单体聚合成为高聚物的化学过程。聚合过程产生高聚物，产物化学性能和介电性能由单体的性质决定。但物理机械性能与分子量和分子量分布密切相关，主要由两个指标确定：平均分子量 $\bar{M}$ 和分子量分布 F_M。一般来说，平均分子量 $\bar{M}$ 越大越好，分子量分布是高分子的重要性质，分布很宽，意味着特高分子量和特别小的分子占比很高。特高分子量分子在加工过程中流动性较差，而特低分子量分子在加工温度下会发生分解，这两种情况都会影响产品的品质。分子量分布越窄意味着分子量越均匀。

聚合过程的输入主要包含如下部分：

（1）单体组分，包括单体品种与配方；

（2）乳化系统，包括乳化配方；

（3）引发系统，包括引发剂品种与用量；

（4）封端系统，包括封端剂品种与用量；

（5）反应系统，包括流程、装置、控制系统与工艺规程。

乳液起乳化作用，在搅拌推动下，乳液乳化充满反应器空间，增加反应物的接触面积，使反应物充分地均匀地分散在乳液介质中。单体在引发剂作用下，产生活性中心，形成有链增长能力的分子并不断延长成为高分子聚合物。大多数聚合反应需要实时给大分子封端，使其处于稳定状态，不再产生新的小分子，已经形成的分子停止增长，这是保证达到目标分子量且分子量分布足够均匀的措施。

16.2 改进梯度法

当变量很多，关系很复杂，很难辨别存在哪些交互作用。这是试验设计最困难的问题，也是目前正交设计效果不理想，推广存在困难的主要原因。

如果没有认识到某个交互作用存在，没有在回归模型中安排相应的项，那么在预报方程中就不可能出现这一项，由它所引起的方差就会张冠李戴，分配到其他变量上去，造成效应分析的混乱。反过来，一个交互效应本来不存在，而在回归模型中却安排了这么一项，回归分析常常会"乱点鸳鸯谱"，把其他因子的效应分配给它。不带条件地简化放弃某些交互效应，它们的效应份额会混杂进入某些其他因子的效应之中。这是析因设计的局限性。下面介绍一种不考虑交互效应的方法。

一个物理量 f 若在空间 X 的每一点上有确定的值 $f(X)$，确定了该量的一个数量场。场中等位面 M 上的每一点处有法线向量 n。这个向量是函数 $f(X)$ 的梯度。梯度方向指向下一个等位面，是函数 $f(X)$ 变化最快的方向。通过找梯度向量找优化方向的方法就是梯度法，也称快速登高法。

函数 $f(X)$ 在点 $X_0 = (x_1^0, x_2^0, \cdots, x_p^0)$ 处的梯度是一个 p 维向量

$$\left(\frac{\partial f}{\partial x_1}, \frac{\partial f}{\partial x_2}, \cdots, \frac{\partial f}{\partial x_p} \right)$$

如果函数 $f(X)$ 具有线性形式

$$y = b_0 + \sum_{i=1}^{p} b_i x_i \qquad (16.1)$$

系数 $b = (b_1, b_2, \cdots, b_p)$ 恰好组成梯度向量

$$n = (b_1, b_2, \cdots, b_p)$$

即线性回归方程的回归系数估计 $\hat{\beta}$ 恰好是梯度向量。对于非线性过程，由于回归函数非线性，仍然需要逐个变元取偏导数。否则，梯度向量有一个误差偏角。

为了避免求偏导数，使梯度向量误差偏角尽量地小，回归函数最好是线性的或近似线性的。设点 X_0 是实验范围 D_0 的一个内点，若试验以 X_0 为中心，局限于 D_0 内 X_0 的一个适当小的范围 $D_1 = \{x_i \pm \delta_i \mid i = 1, 2, \cdots, p\}$，其中 δ_i 是

一组适当小的实数，$D_1 \subset D_0$，则可用线性函数来拟合试验样本。这个函数可作为该过程相应因变量 y 在 X_0 附近 D_1 内的预报方程，回归系数 $\hat{\beta}$ 是所研究因变量 y 在 D_1 附近 X_0 处的梯度向量的估计。因为 D_1 是一个较小的局部，它跨越峰点的可能性很小，可以向 D_1 外一步一步地延拓，直到达到或跨越峰点停止延拓。最后一次延拓点可以作为峰点的位置估计。必要时可以再次运用上述方法，提高搜索精度。

用线性函数去研究非线性过程必须限制在一个足够小的范围内。这是必要条件。在小范围内的非线性函数可以用线性函数来近似，这是数学分析的基本原理。δ_i 应当小到什么程度？需要动态地确定。对每个变量不一定相等，依赖于系统误差和变量 x_i 的具体特性。越是显著的变量，应当越小，如果曲面比较平缓，可以取得大一点。δ_i 不宜太小，也不宜太大。太小，因子信息为随机误差所湮没，不能从误差中分离出来，使本来显著的因子也检不出来；太大，超出了用平面近似曲面的允许范围，梯度向量估计误差比较大。必要时可以调整 δ 追加试验。试验设计时，给每个变量以小的变动，有时会给该变量一个小的扰动。只有当变量受到扰动，才能观察到它的影响。只研究系统的一个小局部，限制实验区域在一个小范围内。用线性模型拟合非线性过程，偏差就不会太大。如果没有必要把过程的规律搞得很清楚，这样的优化方法很有效。

16.3　间歇聚合

聚合反应可以在单个反应器内实现。先加入乳液等物质，反应物和引发剂等匀速地加入；反应完成后，清空反应器；进行下一次反应；循环往复。

某树脂是由两种单体在含引发剂的乳液中聚合而成。经过数年的研究，能得到聚合物，但分子量很低，性能很差，试片呈石蜡状，出模即碎，不能测试。能得到聚合物，说明聚合体系基本合理。质量不合格，说明系统设计还存在问题，需要修正，聚合工艺与参数设计尚存不合理因素，需要优化。这是一个多因素多指标问题，系统内显然存在交互作用，比较复杂。自主合成单体量少而昂贵，试验数目不能多。为减少实验数目，最有效的措施就是忽略掉交互作用，将试验局限在小范围内变化。既然现有工艺基本可行，优化工艺很可能在现有工艺附近，很适合使用改进的梯度法，找到快速变化方向，朝优化方向移动试验区域，最终找到优化工艺与配方。

集思广益，做系统分析，修补系统缺陷。选取六个因子，研究两项主要指标熔融指数 MI 和抗张强度 ST。不考虑交互效应，用正交表 $L_8(2^7)$。给现有工艺条件以较小的变动。试验的因子-水平设计如图 16.1 所示：

列号	1	2	4	7	3	5	6
列名	c	b	a	abc	bc	ac	ab
因子实名		T	E	F	L	A	H
1水平		75	0.07	55	0.939	1.9	360
2水平		65	0.12	70	1.199	1.7	240

图 16.1　试验的因子-水平设计

8 个实验两星期解决了工艺与配方问题。试验设计与试验结果的方差分析见表 16.1。方差分析表分为三部分，上部为表头，中部为试验设计与试验结果数据，下部为方差分析。误差标志一栏非空表示该列的方差被并入误差，其自由度并入误差自由度。

表 16.1 中，试验设计表的列命名与排列同标准正交表稍有不同，列位置有移动。这种列的移动不改变该表的正交性质和本质。第一列命名为 c，没有安排试验因子，但该列的水平变动平方和很大，表明误差很大，是被忽略的各种效应混杂叠加的结果。参照田口表的附表，按最简单的方式分析，第一列中至少叠加了三个可能的交互效应 TL+EA+FH，也可参考 G. E. P. Box 等[43]。类似地，每一列都可能混杂了其他效应，难以确切地分离。然而试验是在小局域进行的，可以按线性过程估计参数。把第一列当作误差，仍然检出了一些因子是显著的。将表 16.1 中水平变动平方和排队

MI: (L,T,E), F, A, H

ST: (L,T,H), E, F, A

括弧中的因子都可以被认为是显著的。对不显著的因子，原则上可以在试验范围内任意取值。按经济原则取值可以优化成本。

MI（熔融指数）既不是越大越好，也不是越小越好，不同应用对象有不同的要求。当 ST 优化之后，MI 却不一定合适了。因变量只有两个，综合平衡不难。

表 16.1 试验数据及方差分析表

列名	c	b	a	abc	bc	ac	ab	性	能
因子实名		T	E	F	L	A	H	MI	ST
试验 1	1	1	1	1	1	1	1	1.24	15.65
试验 2.	1	1	2	2	1	2	2	0.826	26.02
试验 3	1	2	1	2	2	1	2	0.484	33.78
试验 4	1	2	2	1	2	2	1	1.936	31.63
试验 5	2	1	1	2	2	2	1	2.312	29.8
试验 6	2	1	2	1	2	1	2	5.664	32.45
试验 7	2	2	1	1	1	2	2	0.636	30.00
试验 8	2	2	2	2	1	1	1	1.288	28.88
				MI 的方差分析					
1 水平和	4.486	10.042	4.672	9.476	3.99	8.676	6.776	和 14.386	和 228.21
2 水平和	9.9	4.344	9.714	4.91	10.396	5.71	7.61	均 1.798	均 28.526
1 水平效应	−0.677	0.712	−0.630	0.571	−0.801	0.371	−0.104	ss45.692	ss6 738.6
2 水平效应	0.677	−0.712	0.630	−0.571	0.801	−0.371	0.104	cf25.870	cf6501.0
误差平方和	3.664	4.058	3.178	2.606	5.130	1.100	0.087	$s_总$ 19.822	$s_总$ 228.63
误差标志	**1**			**1**		**1**	**1**	$f_误$ 4	$f_误$ 3
F 值	1.965	2.177	1.704	1.398	2.752	0.590	640E-02	$F_{0.05}$=7.709	
置信水平		75				75		$F_{0.25}$=1.807	
				拉伸断裂强度的方差分析					
1 水平和	107.08	103.92	109.23	109.73	100.55	110.76	105.96	和 14.386	和 228.21
2 水平和	121.13	124.29	118.98	118.48	127.66	117.45	122.25	均 1.798	均 28.526
1 水平效应	−1.756	−2.546	−1.219	−1.094	−3.389	−0.836	−2.036	ss45.692	ss6 738.605
2 水平效应	1.756	2.546	1.219	1.094	3.389	0.836	2.036	cf25.870	cf6 509.976
误差平方和	24.675	51.867	11.883	9.570	91.869	5.595	33.171	$s_总$ 19.823	$s_总$ 228.630
误差标志	**1**			**1**		**1**		$f_误$ 3	$f_误$ 3
F 值	1.858	3.906	0.895	0.721	6.918	0.421	2.498	$F_{0.05}$=10.128	
置信水平		75			75		75	$F_{0.25}$=2.024	

以 ST 为主，确定工艺配方之后，再估计 MI 值。MI 与 ST 折中，达到平衡。不满足要求时，根据上表中的效应值，做适当调整。梯度向量估计展示在表 16.2 中。

表 16.2 试验设计与统计

列号	1	2	3	4	5	6	7
因子名	E	T	H	误差	A	L	F
X_0	0.095	70	300		1.8	1.066	62.5
δ	0.025	5	60		0.1	0.066	7.5
第一水平效应估计	−1.217	−1.217	−2.036	−1.756	−0.836	−3.389	−1.093
F 值	0.894	3.906	2.498	1.858	0.421	6.918	0.721
梯度向量估计	0	1.217	−2.036		0	3.389	0

注：第 5，7 两列并入误差列 4，误差自由度=3，$F_{0.25}(1,3)=2.024$。

外推一步长的扯断强度预报值为

$$28.526+1.217+3.389+2.036=35.168$$

用实验检验的结果与预报值基本吻合，用户接受了该产品。

16.4 连续聚合

16.4.1 连续聚合的实验模型与系统设计

间歇反应实验模型存在一些问题：

（1）生产不能连续化。

（2）生产规模受到限制，成本较高。

（3）质量有批次间的差异，产品性能不稳定。

（4）产品的分子量分布很广。

单个釜的停留时间分布图见图 16.2，过程模拟参见图 16.3。

观察图 16.2 和图 16.3，并回顾第 2 章及图 2.2，应该关注 3 个时间点：

第一个时间点是所谓均值点，$F(\theta)=0.5$，图 16.2 的均值点大约在 $\theta=0.685$。随着串联釜数目的增加，这个时刻向后推移，对于等容釜串联装置，当 $n=2$，均值点位于 0.825 ~ 0.85；当 $n=6$ 或 7，大约在 0.95 附近。一

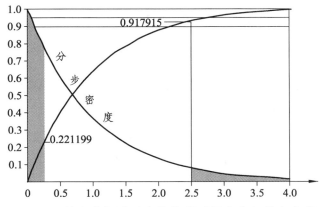

图 16.2　单个釜间歇反应的停留时间分布与分布密度

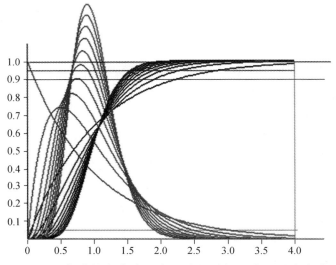

图 16.3　串联等容釜式反应器停留时间分布及分布密度

般来说，在这个时刻之前进入反应器的物质都具有较多停留时间，将生成具有比平均分子量大的分子量，而在此后进入反应器的单体将形成比平均分子量小的分子。

第二个时间点是 $\theta=0.25$。在这一时刻之前进入反应器的物质具有超长的停留时间，在这一短时间内产生的聚合物具有超高的分子量。

第三个时间点是 $\theta=2.5$。在这一时刻之后进入反应器的单体一部分使之前的大分子继续增长，一部分形成新的分子链，这些小分子的生长受到时间限制，具有超低的分子量。

$F(\theta)$ 是对 $E(\theta)$ 的积分，分布密度函数 $E(\theta)$ 是分布函数 $F(\theta)$ 关于 θ 的微分。从反应开始到均值点，正好扫过密度线与坐标轴形成区域的面积的一半。在单个釜中的聚合过程，超高分子量占 22.120%，超低分子量占约 8.208%，超高与超低分子量聚合物共占了 30.328%。从分子量分布的观点看来，产物的品质不好。

多个全混釜串联起来作为一个反应器有一些奇妙的性质：

（1）可以改善物料流动，返混率很低。串联级数越大，返混率越低，逼近平推流。

（2）可以实现化学过程连续化。

（3）可以控制总的停留时间。

（4）改善停留时间分布。宏观地看，停留时间分布主要由串联级数确定，从而有效地控制产品的质量。

（5）不仅可以用于一般的化学反应，还可以用于聚合反应以控制分子量大小，稳健地控制其分子量分布。

（6）调整分子量大小只需调整停留时间，而调整分子量分布的唯一方法是加大串联级数 n。

我们可以比较一下单个釜和多个等容釜串联反应器的停留时间分布及分布密度曲线，参见图 16.2，模拟数据见表 2.1。增加一个釜，在 $\theta=0.25$ 处，F(0.25)=0.090，超高分子量聚合物减少了 14.82%，超低分子量减少了 4.166%。当串联 6 个釜，超高分子量只占 0.446%。超低分子量只占 0.279%，在 $\theta=0.25$ 至 2.5 区间外不到 7‰。串联的级数越多，超高超低分子越少。在 0.25 和 2.5 两个时刻分布画两根竖线，直接可以看出串联釜数目越多，两根竖线穿越密度线与坐标轴围成的区域的线外面积越小，到串联六个釜，线外区域面积不到 7‰。

根据串联反应器的特性，反应器的本质的优化参数只有两个：串联釜数目 n 和总体积，体积分布由具体的反应的流体体积变化确定。理论上，分子量分布唯一地由串联釜数目确定。平均分子量由停留时间确定。

注意，$\tau_i=1/k_i$ 为第 i 釜的平均停留时间，无因次时间 $\theta = t/\tau'$ 或 $t = \theta\tau'$，由式（2.18），τ' 关联到体积分布和体积流速。由此我们可以估计实际需要的反应时间。

串联釜总容积和初始流量是两个可变的系统设计参数。因为串联级数被确定，釜总容积与生产规模有关。一旦总容积被确定，总停留时间由初始流量唯一地确定，系统只剩一个变量。系统应该这样设计，由产物的分子量分布要求确定串联釜的级数 n，由反应分析得到流体变化速率确定串联釜的体积收缩率（或放大率）α。由生产规模确定总体积和停留时间，需要确定的系统参数变成了一个变量，初始体积流量 u_0。u_0 增加，总停留时间减少，数均分子量降低。反之，u_0 减少，总停留时间增加，数均分子量增加。

剩下的就是要用实验来验证。验证的结果可能出现如下情况：

（1）优化实现，接受优化方案。

（2）分子量分布不够窄，酌情增加串联釜数。

（3）数均分子量偏小，增加停留时间；或者降低初始流速 u_0，这将降低生产效率，减少产量。另一种措施是增加釜总容积，有两种方案：① 将现有釜容积增加，釜全部更新投资很大且麻烦；② 增加串联釜数目，n 增加 1，一次投资增加，停留时间分布改善，分子量增加。因增加了容积，停留时间延长，分子量增加。

（4）数均分子量偏大，加大初始流速，停留时间变短，平均分子量可以降下来，且有利于提高生产效率，增加产量。

16.4.2　中试放大

放大的关键是控制串联级数 n 和停留时间两个参数。串联级数保证分子量分布，停留时间保证平均分子量。釜数目（n）只能多，不能少，因为系统放大之后，单个釜的容积被放大，会产生副效应。为了减少这种副效应，最好的办法是让釜的容积比较小，用更多的釜串联保证所需的容积。n 增加了，建设的一次投资会增加。需要权衡设计。此外，釜变大了搅拌效果会有差异。串联釜要求是全混釜，搅拌是个重要角色。全混是做不到的，釜容积越大越难，需要尽力保证搅拌效能。

串联级数与总体积确定之后，停留时间的控制在于严格控制体积流量，这样才能保证分子量稳定。同一装置，生产规模不可以任意增减。增产或减产都可能导致数均分子量波动，导致产品质量波动。串联级数的增加如果导致了总容积的增加，则相应液体流速应该增加，否则总停留时间被延长，分子量会变大。要想停留时间不变，设体积变化为 dv，新体积流速应该调整为 $u=(v_{all}+dv)/\tau$，即流速的改变应为 dv/τ。

需要注意的是，递增分布与递减分布停留时间分布与密度是相同的。单体在反应过程中聚合使体积流量减少，因此，釜容积应该递减，比例因子应该考虑体积收缩率。对于不等容串联的详细分布数据请查第 2 章相应的表。在本书中，我们列出了 8 个时间点，对于工程设计，需要更详细的数据，运行有关的模拟程序可以给出更多。

当上述系统被优化后，可以再次优化其他子系统，例如乳化系统和其他配方。它们与装置没有交互作用，或交互作用很微弱可以忽略。这样，问题得到简化，试验数目大大减少。这些研究可以实现系统的更好的优化。

系统设计应注意封端设计。封端剂有不同的选择。封端剂品种，加入方式及加入时机需要实验决定。如果没有封端，贮存期间，聚合过程不会完全停止，只要有单体和引发因子存在，分子链会继续增长，低分子聚合物可以继续形成，现有分子会继续增长，分子量分布会严重宽化。因此粗产物不能在不封端的条件下任意延长贮存时间，必须及时迅速封端。封端剂最好在反应结束时加入，且宜多不能少。及时终止聚合过程，终止链增长，迅速分离产物。

>>>>>>>>

第 17 章　高分子材料耐热性能的
快速评估的实验模型

17.1　高分子材料的耐热寿命与耐温指数的快速评估方法

　　耐热寿命与耐温指数是高分子材料最基本也是最重要的性能之一。获得了样品之后，进行开发优化工艺之前，必须对它的耐热性能做出评估。常规老化法是测试高分子材料的耐热寿命与耐温指数的常用而有效的方法。但其试验周期长、耗费大，不能满足当今材料迅速发展的需要，更不能辅助材料的合成工艺及配方研究。当用常规法对一种新材料做出其耐热性能结论之后，此材料也许已经成了旧产品了。为了及时对一种新产品的耐热性能做出判断，以便及时做出进一步的决策，或提出改进性能的方案，以提高市场竞争力，必须要有一种方法能对产品的耐热性能做出快速评估。利用精密的热分析仪器，开发出了一系列的加速老化的理论和方法。本章的研究是热分析专家曹美英阅读了大量的文献，做了大量研究工作建立的高分子材料的耐热寿命与耐温指数快速评估方法的实验模型，开发了快速评估程序，这是实验数据处理技术和回归分析方法应用的重要代表。

　　设所研究材料的主要成分的浓度在热作用下的衰减速率服从方程

$$-\frac{\mathrm{d}c}{\mathrm{d}t} = kf(c) \tag{17.1}$$

其中，c 为剩余重量百分数，$f(c)$ 为 c 的某一函数，依过程的机理而定；k 为反应速率常数，通常假定反应服从 Arrhenius 定律

$$k = z\exp(-E/RT) \tag{17.2}$$

式中，R 为气体常数；T 为绝对温度；E 为活化能；Z 称为指前因子。将式（17.1）分离变量积分，用 $F(c)$ 表示积分结果。可得

$$F(c) = Z \int_0^\tau \exp\left(-\frac{E}{RT}\right) \mathrm{d}t \qquad (17.3)$$

对恒温过程而言，T 为常数，式（17.3）右边可以积出，得到

$$F(c) = Z \exp\left(-\frac{E}{RT}\right) \tau \qquad (17.4)$$

其中，τ 为过程进行到剩余 c 时所需要的时间。解出 τ 并取自然对数即得

$$\ln\tau = (\ln F(c) - \ln Z) + E/RT \qquad (17.5)$$

令 $B = E/R$，$A = \ln F(c) - \ln Z$，则

$$\ln\tau = A + B/T \qquad (17.6)$$

这个等式便是广泛应用的寿命方程。耐温指数由式（17.7）评估

$$T = \frac{B}{\ln 2\,000 - A} - 273 \qquad (17.7)$$

由以上可见，用式（17.6）预报使用寿命，A、B 参数与反应动力学紧密相关。而精确计算动力学参数很困难，为避免和动力学打交道，通常是在一个较合适的温度范围内选 N 个（N 不得小于 3）温度做恒温老化试验，取得一组试验数据

$$(T_i, \tau_i),(i = 1, 2, 3, \cdots, N) \qquad (17.8)$$

用式（17.6）去拟合这组试验数据，确定出一组参数 A、B。从而得到预报方程。只要试验点安排合理，试验数目足够多，预报会相当可靠。

如果已知材料的热降解活化能 E，从而已知 B，则可以只做一次较高温度下的恒温试验即可求出 A，

$$A = \ln\tau - B/T_u \qquad (17.9)$$

这里用下标 u 表示恒温试验数据。通常把这种方法叫作**恒温法**。由一次热失重试验（TG）求出表观活化能，然后再由上述恒温法求出 A。这种方法叫作**点斜法**。

D. J. Toop[27]以 TG 为基础，把动态过程与恒温过程联系起来，导出了同样的寿命方程，在理论上支持了耐热寿命与耐温指数的快速评估方法。

这里从 Zsako 动力学分析法[28, 29]入手推导出寿命预报方程，并用以研究新型环氧结构胶黏剂 DG-2 的耐热寿命与耐温指数。

17.1.1　方法原理

假定 TG 试验的升温速度为 $Q=\mathrm{d}T/\mathrm{d}t$，则式（17.3）为

$$F(c) = \frac{Z}{Q} \int_0^{T_f} \exp\left(-\frac{E}{RT}\right) \mathrm{d}T \qquad (17.10)$$

按照 Zsako 的建议，记

$$P(x) = \exp(-x)/H(x)$$

其中，$H(x)=(x+2)[(x-16)/(x2-4x+84)]$。式（17.10）可以变为

$$F(c) = \frac{ZE}{RQ} P\left(\frac{E}{RT}\right) \qquad (17.11)$$

联立式（17.4）和式（17.11），并从中消去 $F(c)$ 得

$$\exp\left(-\frac{E}{RT_u}\right)\tau_u = \frac{E}{RQ} P\left(\frac{E}{RT_f}\right) \qquad (17.12)$$

式中 T_f 为 TG 试验到材料寿终时仪器记录下的温度，此时剩余重量百分数为 c_f，式（17.12）经过整理可得

$$\tau_u = F(c_f)\exp\left(\frac{E}{RT_u} - \ln Z\right) \qquad (17.13)$$

或

$$\tau_u = \frac{E}{RQ} \exp\left(\frac{E}{RT_u}\right) P\left(\frac{E}{RT_f}\right) \qquad (17.14)$$

式（17.14）还可以写成

$$\tau_u = \frac{B\,\exp[B(1/T_u - 1/T_f)]}{QH(B/T_f)} \qquad (17.15)$$

式（17.14）和式（17.15）只依赖于一个动力学参数 E，这意味着这种算法不究过程机理。相应式（17.13）的耐温指数为

$$T_{20\,000} = \frac{B}{\ln(20\,000) - \ln(c_f) - \ln Z} - 273 \qquad (17.16)$$

相应于式（17.14）、式（17.15）的耐温指数为

$$T_{20\,000} = \frac{B}{\ln(20\,000) - \ln(B/Q) - \ln(B/T_f)} - 273 \qquad (17.17)$$

可由一次动态热分析试验完成表观动力学分析及热寿命与耐温指数预报。

17.1.2　实例胶黏剂 DG-2 的耐热性能研究

DG-2 是一种新型环氧结构胶黏剂，对多种材料如金属、玻璃、陶瓷、塑料和木材，乃至一般认为不好粘的铝均有良好的黏接性能。

热分析样品取自固化之后。

热分析仪器：PERKIN ELMER TGS-2。

试验条件：空气气氛，升温速度 Q=5℃/min。

寿终判据：失重 10% 时（c_f=0.9）的试验温度。据物性测试报告，在老化到失重 10% 时，DG-2 尚残留有 30% 的剪切强度，约 4.7 MPa。

用本方法对 TG 试验数据作表观动力学分析及耐热寿命与耐温指数评估，结果列于表 17.1。用上述的表观活化能作活化能求 B，在 350 ℃ 下做恒温老化试验求 A，用点斜法计算的结果也列于表 17.1 中。

为了考核评估结果，在工业试验箱中开展了模拟试验。将试验样品涂于预先干燥并称重 的玻璃片上固化后计算样品重量。样品置于试验烘箱内快速升温到指定温度，保温预定长时 间，而后取出称重并计算失重率。与此同时，取两组试样作对比试验，一组不老化，另一组在试验箱中与涂片同时老化后对比测试抗剪强度。试验结果列于表 17.2 中。其中第三、四、五号试验为先将试验箱温度升到预定温度再放入试样，保温预定长时间。

由一次 TG 试验提供信息，经过表观动力学分析，评估材料的耐热寿命与耐温指数，试样小，操作简单，试验周期只需几小时，就所述 DG-2 这样的材料而言，和点斜法相比在宏观上是一致的。正是由于其试验周期短，耗费少而操作简单这些特点，用于辅助工艺研究及配方设计十分方便。实践证明效果良好。

表 17.1　DG-2 在热空气中的寿命与耐温指数评估值（$T_f = 360$，$c_f = 0.9$）

温度/℃	耐热寿命/h	
	点斜法	动态法
220	2 113	3 020
230	787	1 125
240	305	436
250	122	175
260	51	73
270	22	31
280	9.6	13.8
290	4.4	6.3
300	2.06	2.90
耐温指数/℃	198.7	201.9

表 17.2　DG-2 在工业试验箱中的老化试验结果

序号	1	2	3	4	5
预定试验温度/℃	290	300	250±2	250±2	250±2
保温时间/h	5.4	2.6	180	180	180
老化前质量/g	2.05	1.35	0.668	0.508	0.539
老化前抗剪强度/Mpa	17	17			
老化后质量/g	1.824	1.25	0.611	0.464	0.499
老化后抗剪强度/Mpa	4.7	6.48			
失重率/%	11	7.41	8.533	8.66	7.42
抗剪强度损失率/%	70	61.7	未测试	未测试	未测试
备注	升温过程 170 min	升温过程 60 min	实际控制 248 ℃		

　　在工业试验箱中的多次试验呈现出一定的误差，这是正常的。因为试验过程中必然有随机变量活动，使试验控制、测量、预报都发生或多或少的偏差。幸而热分析仪大都有相当高的精确度。误差主要来源于试验箱的试验温度的控制准确度和精确度不可能达到热分析仪那样的水平。而且试验样品在试验箱中所处的状态，例如试样的大小，涂层的形状、厚度，试

验介质、应力等都和热分析仪中有较大的差异，也会带来较大的误差。此外，寿命方程是一个有特别特性的方程，寿命关于温度和寿终参数是一个指数函数关系，一个小的使用温度误差便会带来大的寿命误差。不加校正而求与预报吻合是不可能的。因此，考核时，温度务加严格控制，对误差要有充分的估计。必要时应加以校正。关于如何估计和校正这些误差的方法参见 17.2 节。与寿命相比，耐温指数关于其自变量是对数关系，因而关于自变量的误差不那么敏感。因此，耐温指数的预报的准确度和可信度要高一些。应当注意，所谓耐温指数 $T_{20\,000}$ 是指在 $T_{20\,000}$ 下工作 20 000 小时后材料的失重率为 $1 - c_f$。至于此材料在 $T_{20\,000}$ 下的工作状态却未加评论。在工程应用中应依具体情况下的具体工作方式作具体研究，例如，承受应力的能力应是在 $T_{20\,000}$ 下的承受能力而不是在室温（25 ℃）下承受应力的能力，预报不能代替必要的实际试验。

对于某些热塑性材料而言，当出现明显失重时，已经失去使用价值，此时选择寿终参数时应做些工作，使用 DSC 或 DTA 也许更合适些。

17.2　寿命方程的误差分析与误差校正

17.2.1　寿命方程及其数学特性

形如式（17.6）或

$$\tau = \exp(A + B/T) = \exp(A)[\exp(B/T)] \qquad (17.18)$$

的方程，其中 A、B 为待定常数（我们只讨论 $B > 0$ 的情况），表达了因变量 τ 与自变量 T 之间的关系：当 T 升高 τ 迅速降低。寿命方程应用非常广泛，在各应用领域中的具体含义不一。在材料研究中，寿命方程用以表达材料的耐热寿命 τ 与绝对温度 T 之间的规律：当温度 T 升高时，寿命快速降低。当研究某些聚烯烃的耐热氧化性质时，用这个方程表达其抗热氧化的能力。此时，T 为绝对温度，τ 为氧化诱导期，即耐热氧化寿命。总之，在各种应用中，其物理意义虽不同，表达式却是一样的。一般称之为寿命方程。寿命问题的解法并不难。以材料耐热寿命为例，理论上可以只做一次热试验即可计算出该材料的耐热寿命与耐温指数。目前使用较多的依然是常规法：以式（17.6）为数学模型，在所研究的温度范围内选取若干个温度 T_i 做材料老化试验，收集数据 τ_i，得到试验样本(T_i,τ_i)，用最小二乘法求出待定常数 A 和 B，从而确定该方程。以一种聚烯烃材料为例，需要测试若干个（至少 3 个）温度下的氧化诱导期，用最小二乘法求出待定常数 A 和 B，确定这个方程。一旦确定了方程（17.6），就可预报任何温度下的使用寿命。然而，这个方程的几乎所有的应用都面临一个致命的问题，使实验工作者困惑不解：预报与实测之间的偏差有时令人难以接受，以致人们常常怀疑方程本身，有时也怀疑实验准确性。这方面的争论旷日持久，大大影响了这些数学模型和相关技术（特别是快速评估技术）的开发与推广应用。

造成寿命评估与寿命试验结果严重偏离的原因有两方面：评估可能含有偏差；寿命方程本身对自变量的变化非常敏感的数学特性，这个原因必须引起高度重视。材料老化过程服从寿命方程的规律，这是不能改变的，任何试验都或多或少地包含误差也是不能回避的。重要的是认识和解释这些误差，从而进行控制或校正。

寿命方程恰巧是这样一个方程，它有一些重要的特性，如图 17.1 所示。直观地看来曲线在低温端（小于某个 T_0 时刻附近）特别陡，意味着在这个区域对温度误差特别敏感，以至自变量的微小误差可能导致因变量很大的偏差，试验和使用温度大多就在远远小于 T_0 左边最陡的这一段。这是试验与预报很难吻合的最重要的原因。在大于 T_0 处，曲线变平缓，以 $\exp(A)$ 为渐近线，材料实际使用不在这一段。随着试验温度升高对温度误差的敏感性降低，说明了高温下加速老化试验倒是相对稳定的，那么这种加速老化比较可靠。

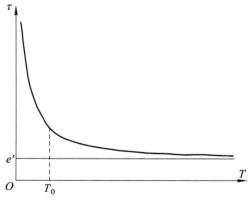

图 17.1　寿命方程曲线

我们现在来通过对寿命方程的数学特性的分析讨论，对某些误差作出估计和校正。

17.2.2 最小二乘法的误差分析

当用最小二乘法处理试验数据样本来确定参数 A、B 时，A、B 的估计值不可避免地会含有误差。设 A^*，B^* 是其真值，分别有估计误差 A_e，B_e，即

$$A^* = A - A_e \qquad\qquad (17.19)$$

$$B^* = B - B_e \qquad\qquad (17.20)$$

由式（17.18）和式（17.19）有

$$\ln\tau - \ln\tau^* = (A + B/T) - (A^* + B^*/T) = (A - A^*) + (B - B^*)/T \qquad (17.21)$$

即

$$\ln\left(\frac{\tau}{\tau^*}\right) = A_e + \frac{B_e}{T} \qquad\qquad (17.22)$$

则寿命估计的相对误差为

$$e_\tau = \frac{\tau^* - \tau}{\tau^*} = 1 - \tau/\tau^* = 1 - \exp(A_e + B_e/T)$$

$$= 1 - \exp(A_e)\exp(B_e/T) \qquad\qquad (17.23)$$

绝对误差为

$$\tau_e = \tau^* - \tau = e_\tau\tau^* = \tau^*[1 - \exp(A_e)\exp(B_e/T)] \qquad (17.24)$$

一般来说，用 e_τ 来研究误差比较方便，由于 e_τ 和 τ_e 与 A_e，B_e 之间的关系也都是指数关系，A，B 估计的微小误差 A_e，B_e，即可引起 e_τ 的相当大的误差。查指数函数表可知，只要 $A_e + B_e/T = 0.1$，e_τ 便会大于 10%。一旦 $A_e + B_e/T = 0.7$，e_τ 便会达到 100%，即寿命延长一倍，而达到 0.7 是不难的。

根据最小二乘法理论，由若干试验数据用最小二乘法求出待定常数 A 和 B，其估计精度以方差来表达为

$$D(A) = \sigma^2\left[\frac{1}{N} + \frac{x^2}{\sum(x_i - x)^2}\right] \qquad\qquad (17.25)$$

$$D(B) = \frac{\sigma^2}{\sum (x_i - x)^2} \tag{17.26}$$

对于寿命方程（17.6），这里的 x 是（17.6）式中的 $1/T$。y 为 $\ln\tau$，N 为试验数目，σ^2 为试验的误方差。A 的估计精度随 N 的增大和试验范围($x_{\min}$, $x_{\max}$)的扩大而得到提高。B 的估计精度则主要依赖于试验范围($x_{\min}$, $x_{\max}$)的宽度，试验范围越大，精度越高。在较低的温度下做试验使材料老化达到失去使用价值的状态需要很长的时间，我们可以在较高温度下尽可能多做几个加速老化试验，以求更加精确地估计出 A 和 B 后再外推。

17.2.3　表观动力学参数估计误差对寿命评估的影响

D. J. Toop[26]以 TG 为基础，把动态过程和恒温过程联系起来，导出寿命方程，在理论上支持了耐热寿命与耐温指数的快速评估方法。当由老化动力学导出寿命方程时，$B = E_n/R$，依赖于动力学参数表观活化能 E。根据

$$A = \ln F(c) - \ln Z = \ln Z + \ln E_n - \ln(RQ) + \ln\left[P\left(\frac{E_n}{RT}\right)\right] - \ln Z$$

$$= \ln E_n - \ln(RQ) + \ln\left[P\left(\frac{En}{RT}\right)\right] \tag{17.27}$$

A 也依赖于表观活化能 E。因此可以得出结论，寿命只与表观动力学参数活化能 E 有关，而与动力学级数 N 无关。E 的估计精度将直接影响寿命的评估精度。

我们前面就高分子材料的耐热寿命评估得到方程

$$\tau = \frac{E}{RQ} \exp\left(\frac{E}{RT}\right) p\left(\frac{E}{RT_f}\right) = \frac{E}{RQ} P\left(\frac{E}{ET}\right) \exp\left(\frac{E}{RT_f}\right) \tag{17.28}$$

其中 T_f 为动态 TG 试验时寿终点的试验温度。写成这个形式之后，与式（17.18）大同小异。当活化能 E 有估计误差 E_e 时，由式（17.28）可得

$$\tau^* = \frac{E + E_{ne}}{RQ} \exp\left(\frac{E + E_e}{RT}\right) P\left(\frac{E + E_e}{RT_f}\right) \tag{17.29}$$

得到

$$\frac{\tau^*}{\tau} = \frac{E+E_e}{E} \exp\left(\frac{E_e}{RT}\right) P\left(\frac{E+E_e}{RT_f}\right) \bigg/ p\left(\frac{E}{RT_f}\right) \qquad (17.30)$$

$$E_\tau = 1 - \frac{\tau^*}{\tau} = 1 - \frac{E+E_e}{E} \exp\left(\frac{E_e}{RT}\right) P\left(\frac{E+E_e}{RT_f}\right) \bigg/ p\left(\frac{E}{RT_f}\right) \qquad (17.31)$$

注意，这里的 E_τ 与式（17.23）外观上有差异，本质是一样的，都是估计的相对误差。采用 Zsako 的近似式可得

$$P(x) = \exp(-x)/H(x)$$
$$H(x) = (x+2)x - 16/(x^2 - 4x + 84)$$

因 $H[(E+E_e)/RT_f]/H(E/RT_f)$ 非常接近于 1，可以忽略。从而式（17.31）变成

$$E_\tau = 1 - \left(1 + \frac{E_e}{E}\right) \exp\left(\frac{E_e}{RT}\right) \exp\left(-\frac{E_e}{RT_f}\right)$$
$$= 1 - \left(1 + \frac{E_e}{E}\right) \exp\left[\frac{E_e}{R}\left(\frac{1}{T} - \frac{1}{T_f}\right)\right] \qquad (17.32)$$

当 $|E_e| < 0.01$ kJ/mol 时，在相当宽广的 T、T_f 范围内 $|E_\tau| < 5\%$。

17.2.4 寿终温度 T_f 的误差对寿命评估的影响

显然 T_f 也是表征材料耐热性能的一个重要参数，由式（17.29），τ 与 T_f 有依赖关系。T_f 在一定意义上由研究者根据一定的应用要求来确定，T_f 越大，τ 越大。因此 T_f 的恰当确定是很重要的。当寿终温度 T_f 有估计误差 T_{fe} 时，由式（17.28）和式（17.31）

$$E_\tau = 1 - \tau^*/\tau = 1 - \exp\left(\frac{BT_{fe}}{T_f(T_f + T_{fe})}\right) \qquad (17.33)$$

其中，$B = E/R$。该函数有以下一些重要性质：

（1）T_{fe} 在指数函数下，E_τ 关于 T_{fe} 很敏感，T_f 的精确测定对材料寿命的准确评估很重要；

（2）在具有相同测定精度的过程中，T_{fe} 相同时，则 T_f 愈大，$|BT_{fe}/T_f(T_f+T_{fe})|$ 愈小。

$T_{fe}>0$ 时，E_τ 从负侧趋向 0；当 $T_{fe}<0$ 时，E_τ 从正侧趋向 0。T_f 愈大，则趋向 0 的速度更快，意味着评估更准确。材料的破坏温度愈低，其耐热寿命的评估偏差愈大。

17.2.5　使用温度误差对使用寿命的误差的影响

当材料在温度 T_u 下使用时可能由于控制偏差，也可能由于测量偏差而有误差 T_{ue}。以 τ 记寿命真值，τ^* 记实验值，E_τ 记相对误差，$E_\tau=(\tau-\tau^*)/\tau=1-\tau^*/\tau$。有时我们用 "*" 记真值，有时不用，是为了使式（17.33）和式（17.34）在形式上一致。当 $E_\tau>0$，意味着缩短 E_τ 倍，当 $E_\tau<0$，意味着延长 E_τ 倍。由于误差的相对性不影响实质，由 $\ln\tau^*=A+B/(T_u+T_{ue})$ 可得

$$\ln\frac{\tau^*}{\tau}=\frac{-BT_{ue}}{T_u(T_u+T_{ue})} \qquad （17.34）$$

$$E_\tau=1-\exp\left(\frac{-BT_{ue}}{T_u(T_u+T_{ue})}\right) \qquad （17.35）$$

式（17.35）和式（17.33）在函数形式上完全一样，因而有着完全一样的数学性质。

（1）T_{ue} 在指数函数下，E_τ 对于 T_{ue} 很敏感。T_u 的精确测定对材料寿命试验的准确测定意义十分重大。

（2）在具有相同测量精度和控制精度的试验过程中，实验结果取决于实验温度，当 T_{ue} 相同时，T_u 愈大者 $|BT_{ue}/T_u(T_u+T_{ue})|$ 愈小。$T_{ue}>0$ 时，E_τ 从负侧趋向 0；当 $T_{ue}<0$ 时，E_τ 从正侧趋向 0。T_u 愈大，则趋向 0 的速度更快，这也意味着当 T_{ue} 一定时，T_u 愈大，$|E_\tau|$ 愈小，即评估更准确。材料的使用温度愈低，其老化寿命的测定偏差愈大。

（3）绝对值相同而符号不同的两个误差 T_{ue} 所导致的寿命误差 E_τ 的绝对值不同。因而围绕控制目标做等幅的周期波动将产生一个非零而大于 0 的寿命效应，测试结果比实际寿命长。当波动幅度很大时，这个效应很大，这一点务必引起高度注意。

一般来说，根据热分析仪的试验结果做寿命评估，由于温度误差很小，评估误差不会很大。在应用场合，尤其是在自然条件下，温度控制误差很大，因而实验误差可能非常大。很容易算出，当 $B=50\ \text{kJ/mol}$，$T_u=300\ \text{K}$，

T_{ue}=−1 K 时，寿命将延长 74.6%；若 T_{ue}=−2 K 时，其寿命将延长 2.06 倍；而当 T_{ue} = 2 K 时，E_τ = 0.668，即缩短 66.8%。通常，误差 T_{ue} 不是一个常数，而是时间 t 的函数 $T(t)$。

17.2.6 DG-2 示例续解

续上节例，热降解表观活化能估算得 203.8 kJ/mol，预报在 523 K 时的寿命 τ=174.9 h，即在 523 K 下老化 174.9 h 后失重 10%。按式（17.32）估算，预报偏差（$E_e \leqslant 0.01$ kJ/mol）为

$$E_\tau = 0.008\ 165$$
$$\tau_{err} = 1.428\ h$$

则实际寿命范围为(173.47,176.33)。上节表 17.2 中后三个试样平均失重 8.204%。

如何评价这组试验与预报的符合程度呢？

温度周期的波动 2 K，为避免作数值积分，粗略地按±1 K 的矩形波估算，即有 90 h 是在 522 K 下试验的，另 90 h 是在 520 K 下进行的。以 523 K 作参考，则有 90 h 偏低 1 K，90 h 偏低 3 K。由式（17.35），$B \cong 24\ 500$。

当偏低 1 K 时，有

$$E_\tau = 1 - \exp\left(-\frac{B}{523 \times 522}\right) = -0.093\ 9$$

当偏低 3 K 时，有

$$E_\tau = 1 - \exp\left(-\frac{B}{523 \times 520}\right) = -0.310$$

这意味着上述试验的前 90 h 完成了 90.61%，后 90 h 完成了 68.97%，整个试验只相当于在 523 K 下做 143.6 h。与 174.9 h 相比，只完成 82.1%，试验失重率应为 8.21%，与试验结果吻合。三个样品的失重率呈现出偏差，是因为样品在试验箱内的位置不一样，每个样品所处的状态不一样等许多原因造成的。因此，三个样品宏观的平均是必要的。

可以相信，如果能准确地控制试验箱的温度为 523 K，恰好老化 174.9 h，三个样品的平均失重率应该是 10%，误差会非常小。这说明评估是可信的。上述误差校正方法在宏观上也是成功的。

第 18 章　计算机辅助试验设计

18.1　试验设计与参数优化三部曲

试验设计、试验分析与参数优化过程，所涉及的计算也许不算难但计算量大，手工处理很容易出错，效率非常低。而用计算机程序来实现，其速度是手工不可比拟的，结果准确、可靠，且可以直接被引用进入报告。

市面上不乏统计学软件，但本研究具有明确的针对性，提供适合于工程技术人员的普及型计算机辅助工业试验的最小模型。这个系统被命名为 OAO。第一个 O 指正交设计，试验方案推崇正交设计，包括正交表和零相关-弱相关阵列。A 代表试验分析，包括均值检验、方差分析和回归分析等方法估计预报方程的参数。第二个 O 指优化，得到预报方程之后寻找优化解。如果实验验证优化工艺实现了预期目标，则该项试验过程结束。如果离预期有显著差距，则向前迭代进行下一个优化试验周期，参考 1.1 节。

OAO 包含三个组件：零相关-弱相关阵列的构造程序，iOAMaker；试验设计、试验分析与寻找预报方程的优化解的软件 OAO；检查试验设计的程序 EDExaming。尽管有了弱相关阵列的构造程序，就目前的技术而言即使运行该程序构造一个零相关-弱相关矩阵仍然不是一件容易的事，大部分超立方类型和固定水平类型弱相关阵列都可以在互联网上找到，作者构造的弱相关阵列已经上传到互联网上。其算法也已经公开，不建议用户自己构造这些矩阵。因此，对这个软件我们不作介绍。

关于试验分析，方差分析与回归分析，在前面都作了介绍，这里不赘述。下面将重点介绍用计算机辅助试验设计有关的一些问题。

18.2　试验设计

假定一个项目的实验模型已经确定，实验系统已经建成，试验设计过程应该具备以下信息：

自变量数及每个因子的变化区间，是否考察交互效应，如果是，应该有交互作用分析。

因变量数及每个因变量的期望值，预报模型

$$y_i = f_i(x,b) + e_i, (i=1,2,\cdots,q) \tag{18.1}$$

试验设计，有两种选择：

（1）正交设计。

正交设计是指以齐整正交阵列 OA 为试验设计模板的试验设计。系统将引导用户设定试验条件，变量变化范围，然后选择正交表，把试验因子安排在表头上（例见 16.3 节），展示试验操作单。这个操作单可以被打印交付实验者，逐一完成并返回实验数据。一个正交试验设计就完成了。系统会保留这个设计表，等待实验完成后返回数据，进行分析。

（2）弱相关试验设计。

弱相关试验设计为适用于回归分析的试验设计。

根据用户提供的试验输入变量组 **X**，确定试验条件，变量变化范围，将引导用户选择一张弱相关表，把试验变量安排在表头上，系统将形成水平设计，给出一个实验计划。和齐整正交设计不同的是，设计完成之后，要进行仔细的检查。

试验设计完成之后一定要用检查试验设计的程序 EDExaming 进行仔细的检查。

齐整正交表具有固定结构，规范。试验设计的难点在于交互效应的安排。安排好了就可以打印操作单。不过，有一种例外，如果表的来源是传抄本，需要反复核对是否抄写有误。抄错是常有的事，校对查错非常困难，建议交由程序 EDExaming 完成，打印出相关矩阵和试验点分布，如果有错，相关矩阵的非主对角线元素会出现非 0 元素。检查试验点，会出现不齐整的点分布，立即可以找到出错的位置。

弱相关设计预设计之后要进行严格的审查。这是因为试验设计表来源复杂，相关性及试验点分布的状况不明，即使是弱相关的，也有优劣问题，弱相关门槛需要到应用时定义。作者构造的 iOA 通常有 $n-1$ 列，某些固定水平和混合水平表的子阵的 mcc 超出了弱相关范围，都应该查相关矩阵，根据列的相关性来安排试验因子。第三版和第四版均匀表是可以用的，试验点的分布的均衡性较好，均匀表的子阵的 *mcc* 并不是递增的，使用时应该构造相关矩阵，并查看试验点的分布状况。扩展构造法，特别是张量积或堆叠法构造的弱相关矩阵，试验点产生“×”形分布和不均衡设计可能性很大，会直接影响试验结果，参见 13.6 节。除非能够确定过程是线性的，采用线性模型。即使标称为正交或者零相关，OLHD、NOLH 和试验点分布也不一定均衡。需要实地检验。

下面展示 EDExaming。

打开 EDExaming，主菜单界面如图 18.1 所示。

Examiner

文件　P-值矩阵　角度矩阵　正交化　点分布　查询临界值　数据格式的说明

Alias	x0	x1	x2	x3	x4	x5	x6	x7	x8	x9	x10	x11	x12	x13	x14	x15	x16
1	10	16	24	15	23	11	1	1	3	27	5	4	16	5	23	15	10
2	21	23	2	6	3	21	5	2	27	20	24	5	19	14	12	3	13

图 18.1　试验设计查看程序 EDExaming 的主界面

菜单标示其功能包括试验点分布点图、相关系数、P 值、正交化、临界值计算和特性曲线等功能，点击一个菜单项即启动相关检查。

当读入试验设计矩阵后，立即显示相关矩阵，这是检验设计质量的第一种方式，最基本的方式。以 W_{28}-7o-27 为例，演示 EDExaming 的功能。

图 18.2 展示了矩阵 W_{28}-h7o，同时自动地显示相关矩阵，见图 18.3。

Alias	x0	x1	x2	x3	x4	x5	x6	x7	x8	x9	x10	x11	x12	x13	x14	x15	x16	x17	x18	x19	x20	x21	x22	x23	x24	x25	x26
1	10	16	24	15	23	11	1	1	3	27	5	4	16	5	23	15	10	1	23	15	21	16	21	27	6	15	13
2	21	23	2	6	3	21	5	2	27	20	24	5	19	14	12	3	13	6	8	22	7	17	13	10	13	9	2
3	15	19	11	4	25	10	6	21	2	10	17	13	27	28	7	28	24	7	3	18	22	22	10	16	25	19	11
4	7	6	6	28	26	22	24	10	4	3	13	16	26	8	20	4	19	8	2	19	2	14	18	7	9	22	18
5	14	22	12	2	28	15	9	3	10	8	23	26	9	4	13	2	9	27	16	7	28	11	8	6	19	23	17
6	11	15	13	22	1	2	14	20	1	25	22	10	10	2	1	14	26	24	6	2	14	20	20	11	8	20	10
7	25	13	10	18	6	27	27	12	9	19	19	19	12	9	22	27	11	21	13	28	27	21	5	26	12	27	4
8	16	11	28	24	22	18	20	15	21	21	2	14	4	26	14	1	20	17	4	13	25	12	12	12	21	12	1
9	27	12	23	14	12	9	19	18	20	18	18	28	13	1	15	8	23	2	15	26	17	24	26	14	27	3	24
10	12	26	26	9	24	14	25	26	22	26	26	8	21	10	19	16	4	19	1	12	5	2	15	24	18	16	23
11	19	24	17	8	19	6	23	25	5	11	9	22	5	16	3	11	7	4	27	23	1	15	6	13	2	17	3
12	24	18	3	21	16	3	17	13	23	17	3	7	14	18	8	23	8	12	11	20	26	1	24	1	10	24	25
13	3	7	9	5	11	4	2	23	25	13	6	20	6	12	26	12	28	18	7	24	12	9	4	23	5	21	22
14	26	20	1	19	20	13	18	17	7	15	15	1	3	27	25	5	17	22	18	11	11	25	11	21	14	2	28
15	2	8	14	11	4	17	26	5	16	23	14	15	15	25	2	7	14	3	19	5	15	13	3	22	23	25	27
16	5	14	7	20	27	25	11	24	28	24	25	21	7	17	18	25	16	5	22	3	16	27	19	4	7	18	14
17	28	3	19	13	17	28	7	14	17	2	11	6	1	3	4	26	15	9	9	4	6	7	9	20	20	11	15
18	13	5	4	1	14	24	15	19	8	28	1	17	17	13	16	17	12	28	24	16	4	10	27	9	26	13	9
19	22	2	15	17	5	19	3	27	6	16	20	27	24	24	17	6	1	10	12	8	23	5	16	17	3	5	16
20	8	9	5	27	18	5	12	22	26	4	16	9	23	6	5	10	3	20	26	17	19	19	14	28	24	10	5
21	20	25	16	26	7	7	8	8	14	7	21	25	11	23	28	19	18	13	21	6	3	4	22	19	28	28	7
22	4	1	22	3	9	8	22	11	12	1	28	3	2	22	21	18	6	14	14	21	18	18	28	8	15	14	6
23	23	17	27	7	13	20	13	16	24	5	8	12	28	21	9	9	21	25	20	9	13	28	25	18	1	26	20
24	9	21	8	10	15	16	28	4	18	9	12	24	18	15	11	22	27	15	17	10	20	3	23	25	4	1	8
25	17	4	25	23	21	12	10	6	15	22	27	11	22	20	10	20	25	26	28	27	8	6	2	5	11	8	21
26	6	28	20	16	2	26	16	28	11	6	10	2	20	7	24	13	22	11	25	14	24	8	7	2	22	7	19
27	18	10	18	12	10	1	21	7	19	14	4	18	25	11	27	24	5	16	10	1	10	26	1	3	17	4	12
28	1	27	21	25	8	23	4	9	13	12	7	23	8	19	6	21	2	23	5	25	9	23	17	15	16	6	26

图 18.2　矩阵 W_{28}-h7o

Pmax		0	0	0	0	0	0	0.002	).0044	).0063	).0063	).0107	).0151	0.022	).0242	).0266	).0286	).0356	).0376	).0483	).0552	).0684	).0901	).1208	).1794	).2749	).3098
mcc		0	0	0	0	0	0	).0005	).0011	).0016	).0016	).0027	).0038	).0055	0.006	).0066	).0071	).0088	).0093	0.012	).0137	0.017	).0224	).0301	).0449	).0695	).0788
mSpd		0	0	0	0	0	0	1	2	3	3	5	7	10	11	12	13	16	17	22	25	31	41	55	82	127	144
sSpd		0	0	0	0	0	0	3	12	16	19	25	35	58	72	102	118	133	165	239	206	387	434	749	1437	2295	2583
	0	1	2	3	4	5	6	7	8	9	10	11	12	13	14	15	16	17	18	19	20	21	22	23	24	25	26
0		0	0	0	0	0	0	0	).0011	0	).0016	).0011	).0005	).0011	).0005	).0055	).0027	).0038	).0088	).0115	).0071	).0109	).0022	).0203	).0181	).0695	).0673
1			0	0	0	0	0	).0005	).0011	).0005	).0016	).0027	).0027	).0011	0.006	).0011	).0049	).0049	).0011	).0044	).0011	).0055	).0077	).0213	).0378	).0427	).0542
2				0	0	0	0	0	).0005	).0016	).0016	).0016	).0022	).0016	).0016	0.006	-0.006	).0077	).0088	).0077	).0022	-0.012	).0175	).0301	).0427	).0673	).0761
3					0	0	0	0	).0011	).0011	0	0	).0016	).0033	).0011	0	).0005	).0049	).0033	).0027	).0126	).0016	).0148	).0071	0.017	).0465	).0772
4						0	0	).0005	).0011	).0016	).0011	0	).0005	).0038	-0.006	).0016	).0022	).0088	).0022	).0016	).0071	).0044	).0049	).0279	).0432	).0684	).0651
5							0	).0005	).0011	).0005	).0005	).0016	).0011	).0055	0	).0022	-0.006	0	).0055	).0093	).0071	).0016	).0115	).0011	).0317	).0493	).0235
6								0	0	).0011	).0005	).0005	0	).0027	).0027	-0.006	).0055	).0066	).0077	).0005	).0082	).0093	).0044	).0246	).0449	).0317	-0.069
7									).0005	).0016	).0016	).0027	).0022	).0005	).0027	).0049	).0055	).0005	).0033	).0099	).0033	).0148	).0038	).0011	).0246	).0553	).0608
8										).0005	).0016	).0027	).0011	).0055	).0044	).0044	).0011	).0005	).0005	).0099	).0088	-0.017	).0213	).0011	).0405	).0558	).0657
9											0	).0005	).0005	0	).0044	).0011	).0016	).0011	0.006	).0082	).0093	).0142	).0093	).0109	).0443	).0115	).0783
10												0	).0027	).0016	).0033	).0055	).0033	).0016	).0049	).0115	).0137	).0148	).0033	).0208	).0383	).0591	).0657
11													).0038	).0011	).0011	).0066	).0016	-0.006	).0071	).0109	).0016	).0131	).0197	).0263	).0339	).0695	).0383
12														).0038	).0027	).0055	).0071	).0066	).0088	-0.012	).0082	).0093	).0005	).0296	).0285	).0301	).0646
13															).0027	).0016	).0033	).0049	0	).0077	).0016	).0099	).0213	).0131	).0394	).0411	).0443
14																).0038	).0066	).0005	).0093	).0027	).0082	-0.017	).0027	).0296	).0394	).0635	).0148
15																	).0066	).0077	).0016	).0104	).0005	-0.006	).0115	).0077	0.035	).0591	).0684
16																		).0066	).0055	0.006	).0016	).0109	).0175	).0263	).0389	).0684	).0701
17																			0.006	).0011	-0.006	).0142	).0224	).0301	).0159	).0224	0.058
18																				).0027	).0005	).0038	).0082	).0088	).0203	).0673	).0788
19																					).0038	).0055	-0.012	).0296	).0416	).0597	-0.012
20																						).0159	).0016	).0027	).0005	).0317	).0438
21																							).0192	).0208	).0378	).0591	).0389
22																								).0192	).0394	).0192	-0.064
23																									).0328	).0454	).0476

图 18.3 矩阵 W28-7o-27 的相关矩阵

从相关矩阵可以看到任何两列的相关系数及各个子阵的最大相关系数 *mcc* 及相应的最大的置信水平 $P_{\max}$。在试验设计时需要看到每个列对之间的置信水平，只要点击【P-值矩阵】立即会显示置信水平矩阵，如图 18.4 所示。

Value P Matrix

Pmax	0	0	0	0	0	0	0	0.002	).0044	).0063	).0063	).0107	).0151	0.022	).0242	).0266	).0286	).0356	).0376	).0483	).0552	).0684	).0901	).1208	).1794	).2749	).3098
	0	1	2	3	4	5	6	7	8	9	10	11	12	13	14	15	16	17	18	19	20	21	22	23	24	25	26
0		0	0	0	0	0	0	0	.0044	0	.0063	.0044	0.002	.0044	0.002	0.022	.0107	.0151	.0356	.0464	.0286	.0439	.0088	.0815	.0728	.2749	.2664
1			0	0	0	0	0	0.002	.0044	0.002	.0063	.0107	.0107	.0044	.0242	.0044	.0198	.0198	.0044	.0176	.0044	0.022	0.031	.0857	.1514	.1709	.2158
2				0	0	0	0	0	0.002	.0063	.0063	.0063	.0088	.0063	.0063	.0242	.0242	0.031	.0356	0.031	.0088	.0483	.0703	.1208	.1709	.2664	.2998
3					0	0	0	0	.0044	.0044	0	0	.0063	.0132	.0044	0	0.002	.0198	.0132	.0107	.0508	.0063	.0596	.0286	.0684	.1858	.3037
4						0	0	0.002	.0044	.0063	.0044	0	0.002	.0151	.0242	.0063	.0088	.0356	.0088	.0063	.0286	.0176	.0198	.1121	.1729	.2705	.2578
5							0	0.002	.0044	0.002	0.002	.0063	.0044	0.022	0	.0088	.0242	0	0.022	.0376	.0286	.0063	.0464	.0044	.1272	.1968	.0945
6								0	0	.0044	0.002	0.002	0	.0107	.0107	.0242	0.022	.0266	0.031	0.002	.0332	.0376	.0176	.0989	.1794	.1272	.2729
7									0.002	.0063	.0063	.0107	.0088	0.002	.0107	.0198	0.022	0.002	.0132	0.04	.0132	.0596	.0151	.0044	.0989	.2202	.2415
8										0.002	.0063	.0107	.0044	0.022	.0176	.0176	.0044	0.002	0.002	0.04	.0356	.0684	.0857	.0044	.1621	.2222	.2603
9											0	0.002	0.002	0	.0176	.0044	.0063	.0044	.0242	.0332	.0376	.0571	.0376	.0439	.1772	.0464	.3081
10												0	.0107	.0063	.0132	0.022	.0132	.0063	.0198	.0464	.0552	.0596	.0132	.0835	.1533	.2349	.2603
11													.0151	.0044	.0044	.0266	.0063	.0242	.0286	.0439	.0063	.0527	.0791	.1057	0.136	.2749	.1533
12														.0151	.0107	0.022	.0286	.0266	.0356	.0483	.0332	.0376	0.002	.1189	.1145	.1208	.2559
13															.0107	.0063	.0132	.0198	0	0.031	.0063	0.04	.0857	.0527	.1577	.1646	.1772
14																.0151	.0266	0.002	.0376	.0107	.0332	.0684	.0107	.1189	.1577	0.252	.0596
15																	.0266	0.031	.0063	0.042	0.002	.0242	.0464	0.031	.1404	.2349	.2705
16																		.0266	0.022	.0242	.0063	.0439	.0703	.1057	.1558	.2705	.2769
17																			.0242	.0044	.0242	.0571	.0901	.1208	0.064	.0901	.2305
18																				.0107	0.002	.0151	.0332	.0356	.0815	.2664	.3098
19																					.0151	0.022	.0483	.1189	.1665	.2373	.0483
20																						0.064	.0063	.0107	0.002	.1272	.1753
21																							.0771	.0835	.1514	.2349	.1558
22																								.0771	.1577	.0771	.2539
23																									.1316	.1814	.1899
24																										.2476	.0571
25																											.2114
26																											

图 18.4 W28-7o-27 的置信水平矩阵

如图 18.4 所示，相关矩阵的顶行标出的是该列中置信水平最大的一个。置信水平矩阵标出每一对向量的置信水平，确定这两列是否可以安排因子。哪些向量对的相关性超出弱相关范围。两个列间的置信水平超出弱相关范围，它们的参数估计值偏差可能很大，应该做出调整。

如果设计是均匀的，任何两个因子之间的相关系数都为 0。但逆命题不成立，相关系数为零，实验点分布不一定均匀。某些"×"形分布也是零相关（正交）的。幸运的是直接构造法构造出来的设计，只要运行数大于5，不可能出现极端不均匀的情况。但扩展构造出来的矩阵难以避免这个情况。考察试验点分布的最好方法是直接观察点阵图。点击"点分布"将每次显示一帧图形，这是两个因子形成的点图在该二因子形成的侧面上的投影。坐标轴的末端显示了因子的别名，见图 18.5。

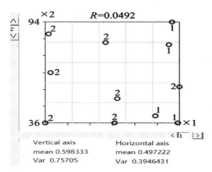

图 18.5　察看试验点分布图

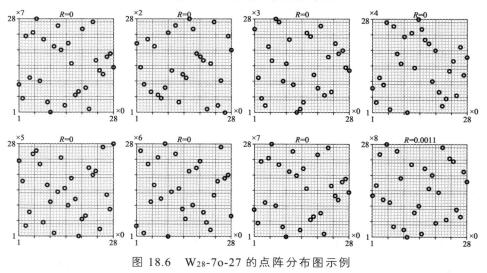

图 18.6　W_{28}-7o-27 的点阵分布图示例

在图 18.5 的框架左上角和右下角分别有两个带有箭头的按钮，通过点按箭头可以进，可以退，选择因子号，可以察看任何两个因子的水平构成的点阵。框架下方提供了这两个变量的均值和方差，顶上提供了这两个变量之间的相关系数。

两个向量形成的点阵的某些点被重叠在别的点上，如图 18.5 中的 18 个点只能看见 11 个，有 7 个点被堆叠到其他点上去了，旁边的数字显示每个点上堆叠了几个点，如果发现两个变量的点阵特别不均衡，应该适当调整，改进设计。如果发现两个变量的点阵成一直线或“×”形，必须放弃一个列不能安排因子。

如图 18.6 所示，W₂₈-7o-27 有 325 幅这样的侧面投影图，没有合适的计算机辅助是很难用手工点绘出这样的图形。x_i，x_j 与 x_j，x_i 点阵分布相同，只需看一个就够了。x_i，x_i 形成的点阵一定是一条对角线，无须察看。$n\times m$ 矩阵有 $(m-1)(m-2)/2$ 种不同的组合。这里只展示 8 幅，EDExaming 可以非常快地逐一展示这些分布图。

还有一些其他的方法可以研究设计的性能。

在实欧氏空间中的向量的夹角定义参见第 8.5 节。两列正交，他们的夹角为 90°，不正交就会小于 90°。这种表示方式很直观，点击菜单条“角度矩阵”，立即显示角度矩阵，如图 18.7 所示。

Angle between vectors (Degree)

min	90	90	90	90	90	90	90	89.97	89.94	89.91	89.91	89.85	89.78	89.68	89.66	89.62	89.59	89.5	89.47	89.31	89.21	89.03	88.72	88.28	87.43	86.01	85.48
	0	1	2	3	4	5	6	7	8	9	10	11	12	13	14	15	16	17	18	19	20	21	22	23	24	25	26
0		90	90	90	90	90	90	90	89.94	90	89.91	89.94	89.97	89.94	89.97	89.68	89.85	89.78	89.5	89.34	89.59	89.38	89.87	88.84	88.96	86.01	86.14
1			90	90	90	90	90	89.97	89.94	89.97	89.91	89.85	89.85	89.94	89.66	89.94	89.72	89.72	89.94	89.75	89.94	89.68	89.56	88.78	87.83	87.55	86.89
2				90	90	90	90	90	89.97	89.91	89.91	89.91	89.87	89.91	89.91	89.66	89.66	89.56	89.5	89.56	89.87	89.31	89	88.28	87.55	86.14	85.64
3					90	90	90	90	89.94	89.94	90	90	89.91	89.81	89.94	90	89.97	89.72	89.81	89.85	89.28	89.91	89.15	89.59	89.03	87.33	85.57
4						90	90	89.97	89.94	89.91	89.94	90	89.97	89.78	89.66	89.91	89.87	89.5	89.87	89.91	89.59	89.75	89.72	88.4	87.52	86.08	86.27
5							90	89.97	89.94	89.97	89.97	89.91	89.94	89.68	90	89.87	89.66	90	89.68	89.47	89.59	89.91	89.34	89.94	88.18	87.17	88.65
6								90	90	89.94	89.97	89.97	90	89.85	89.85	89.66	89.68	89.62	89.56	89.97	89.53	89.47	89.75	88.59	87.43	88.18	86.04
7									89.97	89.91	89.91	89.85	89.87	89.97	89.85	89.72	89.68	89.97	89.81	89.43	89.81	89.15	89.78	89.94	88.59	86.83	86.51
8										89.97	89.91	89.85	89.94	89.68	89.75	89.75	89.94	89.97	89.97	89.43	89.5	89.03	88.78	89.94	87.68	86.8	86.23
9											90	89.97	89.97	90	89.75	89.94	89.91	89.94	89.66	89.53	89.47	89.19	89.47	89.38	87.46	89.34	85.51
10												90	89.85	89.91	89.81	89.68	89.81	89.91	89.72	89.34	89.21	89.15	89.81	88.81	87.8	86.61	86.23
11													89.78	89.94	89.94	89.62	89.91	89.66	89.59	89.38	89.91	89.25	88.87	88.49	88.06	86.01	87.8
12														89.78	89.85	89.68	89.59	89.62	89.5	89.31	89.53	89.47	89.97	88.3	88.37	88.28	86.3
13															89.85	89.91	89.81	89.72	90	89.56	89.91	89.43	88.78	89.25	87.74	87.64	87.46
14																89.78	89.62	89.97	89.47	89.85	89.53	89.03	89.85	88.3	87.74	86.36	89.15
15																	89.62	89.56	89.91	89.4	89.97	89.66	89.34	89.56	87.99	86.61	86.08
16																		89.62	89.68	89.66	89.91	89.38	89	88.49	87.77	86.08	85.98
17																			89.66	89.94	89.66	89.19	88.72	88.28	89.09	88.72	86.67
18																				89.85	89.97	89.78	89.53	89.5	88.84	86.14	85.48
19																					89.76	89.68	89.31	88.3	87.62	86.58	89.31
20																						89.09	89.91	89.85	89.97	88.18	87.49
21																							88.9	88.81	87.83	86.61	87.77
22																								88.9	87.74	88.9	86.33
23																									88.12	87.4	87.27
24																										86.42	89.19
25																											86.96
26																											

图 18.7 W₂₈-7o-27 的角度矩阵

某些矩阵看上去是一个弱相关矩阵，实际上可能包含完全相关组。如果它不是完全零相关的，必须将他正交化才能看得出来，正交化方法参见第 8.5 节。正交化将非正交（或零相关）设计变换成正交矩阵，程序还会给出一个校验矩阵，列出该设计的一些参数。如果设计包含完全相关组，正交化后一定会有一列变成 0，从而体积 V 为零。W₂₈-7o-27 的正交化矩阵及其正交化校验矩阵分别如图 18.8、图 18.9 所示。

图 18.8　W_{28}-7o-27 的正交化矩阵

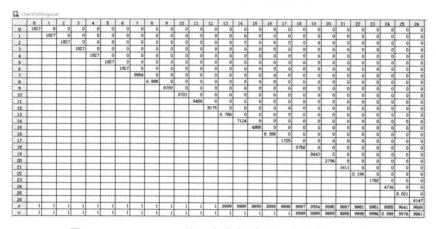

图 18.9　W_{28}-7o-27 的正交化矩阵的正交化校验矩阵

　　参数 ρ 指出向量被正交化后缩短了多少，一种表示不正交程度的参数；V 表示相应的多维体积比标准的正交设计损失了多少，比 1 小得越多，体积损失越大。如果出现 $\rho=0$，$V=0$，该设计是（或者包含）完全相关组，不可用，必须删除某些列，甚至整个设计应该废除重做。我们主张设计应该是弱相关的，试验区域的体积越接近于 1 越好，体积 $V<0.9$ 可能超出了可接受范围。如果不做正交化可能观察不到。

　　为了可比性，k 级子阵的体积 V 开 k 次方。在截图中，受单元格空间的限制，对角线上的数字显示不完全。程序运行时，可以用鼠标按住关注的单元格右边的竖线向右边移动，拉开夹住该单元的两条竖线的距离，直到显示全部有效数字。

有些学者使用"充满了试验空间"的说法来形容试验设计的品质，这种说法形象但不妥当。试验点是离散的几何点，没有大小，有限个点无法充满一个空间。笔者建议不使用这一说法。即使为了形象地描述，也只有真正的正交设计可以看作是充满了试验空间的。非正交设计正交化后的体积不是 1，表明试验点并没有充满试验空间。所以非正交设计必须经过正交化过程才能看出其偏离正交的程度。当正交化体积 $V=1$ 时，可以认为该设计充满了该试验空间，即只有真正的正交设计，它们均衡分散齐整可比，充满了试验空间。非零相关设计都能充满试验空间。如果有某些向量间的试验点的分布非常不均匀，例如"×"形分布，试验点分布在两条直线上，两条直线不能认为它充满了试验空间。弱相关设计的相关矩阵的顶行标出了置信水平，我们构造的弱相关矩阵的相关性随列编号增加递增不减。一般认为如果 $P_{max}>0.3$ 就不应该算是弱相关了。编号比它大的列都不应该使用。置信水平门槛依具体工程的要求而定。试验设计顺序从第一列起依次安排，直到某一列上方显示的 P_{max} 大到不能接受。如果列数不够用，就应该换一个更大规模的设计矩阵。

有了上面这些参数，可以从整体上描绘出设计的特性曲线。根据这种特性曲线来安排因子也很方便。W$_{28}$-7o-27 的特性曲线，见图 18.10。

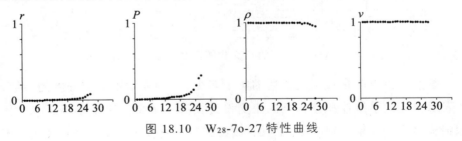

图 18.10　W$_{28}$-7o-27 特性曲线

n_ρ 和 n_V 两条曲线的最后一点是最后一列的正交化长度和体积，它一定是 0，这意味着，$n \times n$ 阵列是完全相关组，最后一列一定是 **0** 向量，向量长度是 0，其正交化体积为 0。试验设计不能饱和，饱和设计一定是完全相关组。

OAO 提供了试验统计需要的临界值计算程序，计算结果与常用数理统计表一致，点击"临界值查询"可以查询。

参考文献

[1] 涅克拉索夫. 无机化学教程[M]. 张青莲，等译. 北京：高等教育出版社，1953.

[2] LIDE D R. CRC handbook of chemistry and physics[M]. Boca Raton：CRC press，Taylor & Francis，2004.

[3] 严宣申，王长富. 普通无机化学[M]. 北京：北京大学出版社，1987.

[4] 化学工业出版社. 化工辞典[M]. 北京：化学工业出版社，1969.

[5] BRUINS P F. New polymeric materials; applied polymer symposia[M]. New York: InterScience Publishers, 1969: 135-156.

[6] RICE D E, CRAWFORD G H J. The preparation of Nitrosyl Peruoroacylates from Peruoro Acid Anhydrides and Dinitrogen Trioxide[J]. The Journal of Organic Chemistry, 1963, 28(3): 872-873.

[7] Camerom Station, alexandria, NITROSO RUBBER，AD0439696，1964-5-18.

[8] MALCOLM C H, GRIFFIS C B. NITROSO RUBBER HANDBOOK[J]. Materials Science, Chemistry, 1966.

[9] PADGETT C D, PATTON J R. Manufacturing Methods for Carboxy Nitroso Rubber[J]. Materials Science, Chemistry, 1972.

[10] 中蓝晨光化工研究院，一种羧基亚硝基氟橡胶溶液聚合工艺，CN102731784A，2012-10-17

[11] UMEMOTO T, TSUTSUMI H. Preparation of Triuoronitrosomethane[J]. Bulletin of the Chemical Society of Japan, 1983, 56(2): 631-632.

[12] MCMILLEN D F, GOLDEN D M. Hydrocarbon Bond dissociation energies[J]. Annual Review of physical Chemistry, 1982, 33: 493-532.

[13] 幸松民，王一璐. 有机硅合成工艺及其应用 [M]. 北京：化学工业出版社，2002.

[14] 陈甘棠. 化学反应工程[M]. 北京：化学工业出版社，1981.

[15] 黄恩才. 化学反应工程[M]. 北京：化学工业出版社，1998.

[16] 南京大学物理化学教研组编. 物理化学[M]. 北京：人民教育出版社，1961.

[17] 傅献彩，沈文霞，姚天扬. 物理化学[M]. 4版. 北京：人民教育出版社，1990.

[18] 周公度. 结构化学基础[M]. 北京：北京大学出版社，1989.

[19] SATTEREL C N. 实用多相催化[M]. 庞礼，译. 北京：北京大学出版社，1990.

[20] 贺深泽，烷氧基硅烷的直接合成工艺，ZL 02113594.0，2002

[21] 杨春晖，张磊，李季，等. 直接法合成三烷氧基硅烷的研究进展[J]. 有机硅材料，2010，24（1）：50-58.

[22] 胡华明，胡文斌，李凤仪. 直接合成三烷氧基含氢硅烷反应器分析[J]. 化工中间体，2006：23-26.

[23] 贺深泽，曹美英，桑桂兰. 高分子材料的耐热寿命与耐温指数的快速评估[J]. 塑料工业，1989（1）：47-50.

[24] 神户博太郎. 热分析[M]. 刘振海，译. 北京：化学工业出版社，1982.

[25] CARROLL B. Physical metheods in macromolecular chemistry[J]. Chemistry, 1972, 2: 240-344.

[26] TURI A. Thermal characterization of polymeric materials[M]. Academic Press, 1981.

[27] TOOP D J. Theory of Life Testing and Use of Thermogravimetric Analysis to Predict the Thermal Life of Wire Enamels[J]. IEEE Transactions on Electrical Insulation, 1971, 6(1): 2-14.

[28] ZSAKO J. Empirical Formula For the Exponential Integral in Non-isothermal Kinetics[J]. Journal of Thermal Analysis and Calorimetry, 1975, 8: 593.

[29] ZSAKÓ J, ZSAKÓ J. Kinetic analysis of thermogravimetric data[J]. Journal of Thermal Analysis, 1980, 19: 333-345.

[30] 肖明耀. 实验误差估计与数据处理 [M]. 北京：科学出版社，1980.

[31] 张尧庭. 数据的统计处理和解释[M]. 北京：中国标准出版社，1997.

[32] 斯米尔诺夫. 高等数学教程[M]. 孙念增，等译. 北京：高等教育出版社，1953.

[33] MILTON J S, ARNOLD J. Introduction to probability and statistics[M]. McGraw-Hill Education, 1995.

[34] 中国科学院数学研究所统计组. 常用数理统计表[M]. 北京：科学出版社，1974.

[35] 中国科学院数学研究所统计组. 常用数理统计方法[M]. 北京：科学出版社，1973.

[36] 复旦大学数学系. 概率论与数理统计[M]. 2版. 上海：上海科学技术出版社，1961.

[37] 浙江大学数学系高等数学教研组. 概率论与数理统计[M]. 北京：人民教育出版社，1979.

[38] BROWNLEE K A. 工业试验统计[M]. 陈荫枋，译. 北京：科学出版社，1959.

[39] H. B. 曼. 试验分析与设计[M]. 张千里，刘璋温，译. 北京：科学出版社，1963.

[40] 茆诗松，丁元，周纪芗，等. 回归分析及其试验设计[M]. 上海：华东师范大学出版社，1981.

[41] JENNRICH R I. 数字计算机上用的数学方法[M]. 杨自强，译. 北京：科学出版社，1981.

[42] HASTIE T, TIBSHIRANI R, FRIEDMAN J. The elements of statistical learning[M]. New York: SpringerVerlag, 2001.

[43] BOX G E P, HUNTER J S,HUNTER W G. Statistics for experimenters[M]. Wiley-Interscience, 2004.

[44] 张远达，熊全淹. 线性代数[M]. 北京：人民教育出版社，1962.

[45] 北京大学数学系几何与代数教研室代数小组. 高等代数[M]. 2版. 北京：高等教育出版社，1978.

[46] 数学手册编写组. 数学手册[M]. 北京：高等教育出版社，1979.

[47] 田口玄一. 正交计划法[M]. 东京：丸善株式会社，1976.

[48] HEDAYAT A S, SLOANE N J A, and STUFKEN J. Orthogonal arrays: theory and applications[M]. Springer, 1999.

[49] 《正交试验法》编写组. 正交试验法[M]. 北京：国防工业出版社，1976.

[50]　陈建信. 工艺与配方的最优化方法[M]. 杭州： 浙江科学出版社，1986.

[51]　JENNRICH R I. An introduction to computational statistics[M]. Prentice Hall, 1994.

[52]　方开泰. 均匀设计[J]. 应用数学学报，1980，3（4）：363-372.

[53]　方开泰. 均匀设计与均匀设计表[M]. 北京：科学出版社，1994.

[54]　方开泰，马长兴. 正交与均匀实验设计[M]. 北京：科学出版社，2001.

[55]　方开泰. 试验设计与建模[M]. 北京：高等教育出版社，2011.

[56]　关家骥，瞿永然. 概率统计习题解答[M]. 长沙：湖南科学技术出版社，1980.

[57]　西格蒙特·布兰特. 数据分析中的统计与计算方法[M]. 莫梧生，译. 北京：国防工业出版社，1983.

[58]　MCKAY M D,BECKMAN R J, CONOVER W J. A comparison of three methods for selecting values of input variables in the analysis of output from a computer code[J]. Technometrics, 1979, 21: 239-245.

[59]　YE K Q. Orthogonal column Latin hypercubes and their application in computer experiments[J]. Journal of the American Statistical Association, 1998, 93: 1430-1439.

[60]　WANG J, WU C. Nearly orthogonal arrays with mixed levels and small runs[J]. Technometrics, 1992, 34: 409-422.

[61]　XU H. An algorithm for constructing orthogonal and nearly-orthogonal arrays with mixed levels and small runs[J]. Technometrics, 2002, 44(4): 356-368.

[62]　MANTEL N. Why stepdown procedures in variable selection[J]. Technometrics, 1970,12(3): 621-625.

[63]　MANTEL N. More on variable selection and an alternative approach[J]. Technometrics, 1971, 13(2): 455-457.

[64]　贺深泽. 弱相关试验设计[J]. 数学的实践与认识，2009，39(3)：99-107

[65]　卢开澄. 组合数学[M]. 北京：清华大学出版社，1983.

[66]　上海计算技术研究所. 电子计算机算法手册[M]. 上海：上海教育出版社，1982.

[67]　STEINBERG D M, LIN D K J. A construction method for orthogonal Latin hypercube designs[J]. Biometrika, 2006, 93(2): 279-288.

[68]　LIN C D, BINGHAM D, SITTER R R,et al. A new and fexible method for constructing designs for computer experiments[J]. The Annals of Statistics,2010, 38(3): 14601477.

[69]　W. I. B. 贝弗里奇. 科学研究的艺术[M]. 陈捷，译. 北京：科学出版社，1979.

[70]　KOCHENDERFER M J, WHEELER T A. Algorithms for Optimization[M]. Massachsetts: MIT Press, 2019.

[71]　JAMES G, WITTEN D, HASTIE T, et al. An introduction to statistical learning with applications in R[M]. Springer New York, 2013.

[72]　LIN C D. New developments in designs for computer experiments and physical experiments[D]. Burnaby: Simon Fraser University, 2008.

[73]　PANG F, LIU M Q, LIN D K J. A construction method for orthogonal Latin hypercube designs with prime power levels[J]. Statistica Sinica, 2009, 19: 1721-1728.

[74]　LIN C D, MUKERJEE R, TANG B. Construction of orthogonal and nearly orthogonal Latin hypercubes[J]. Biometrika, 2009, 96(1): 243-247.

[75]　BINGHAM D, SITTER R R, TANG B. Orthogonal and nearly orthogonal designs for computer experiments[J]. Biometrika, 2009, 96(1): 51-65.

[76]　中国大百科全书总编辑委员会. 中国大百科全书:数学卷[M]. 北京：中国大百科全书出版社, 1973.

附　录

附录 A　弱相关设计表

A.1　命名规则

命名规则的基本思路是把弱相关阵列的记号与它在存储介质上的文件名相统一，适用于本作者的作品及本书，如下：

$W_{\{runs\}}\backslash\_word\text{-}n_1o\_n_2$

其中，W 为表的名称，表示本表为弱相关阵列；

runs 为一个整数，标明阵列的行数，通常也称为运行数；

word 表示阵列类型的特征字：H/F/M 或 h/f/m，分别表示：超立方、固定水平和混合水平三种类型。

这个特征字跟随一个整数 n_1，它表示阵列的最左边的 n_1 列是相互正交或零相关的，用跟随的"o"表示。如果没有正交列存在，则为 0o；

后面紧跟着的整数 n_2 表示该矩阵的实际列数，缺省为 n_1-1 列。

再后面跟着的可以是进一步的注释，其他参数。例如，同一个 W_n 的不同版本标记，如果是固定水平，可以是固定水平（f）阵列的水平数由用户自己定义。

A.2　弱相关超立方阵列与固定水平阵列

已经用直接法构造出运行数直到 38 的弱相关超立方阵列与固定水平阵列。这里发表这些矩阵的名录和实例。

表 A.1　一组标准不规则弱相关阵列的名称列表

W_4-h2o	W_5-h2o	W_6-h0o	W_7-h3o	W_8-h4o	W_9-h5o	W_{10}-h0o
W_{11}-h6o	W_{12}-h5o	W_{13}-h5o	W_{14}-h0o	W_{15}-h6o	W_{16}-h6o	W_{17}-h6o
W_{18}-h0o	W_{19}-h7o	W_{20}-h6o	W_{21}-h7o	W_{22}-h0o	W_{23}-h7o	W_{24}-h7o
W_{25}-h7o	W_{26}-h0o	W_{27}-h6o	W_{28}-h7o	W_{29}-h6o	W_{30}-h0o	W_{31}-h6o
W_{32}-h6o	W_{33}-h6o	W_{34}-h0o	W_{35}-h6o	W_{36}-h6o	W_{37}-h6o	W_{38}-h0o

表 A.2　一组固定水平不规则弱相关阵列的名称列表

W_4-f3o_2	W_8-f7o_2	W_{12}-f11o_2	W_{16}-f15o_2	W_{20}-f19o_2	W_{24}-f23o_2
W_{28}-f27o_2	W_{32}-f23o_2	W_{36}-f19o_2	W_6-f0o_2	W_{10}-f0o_2	W_{14}-f0o_2
W_{18}-f0o_2	W_{22}-f0o_2	W_{26}-f0o_2	W_{30}-f0o_2	W_{34}-f0o_2	
W_6-f3o_3	W_9-f5o_3	W_{12}-f9o_3	W_{15}-f9o_3	W_{18}-f10o_3	W_{21}-f10o_3
W_{24}-f11o_3	W_{27}-f11o_3	W_{30}-f12o_3	W_{33}-f13o_3	W_{36}-f15o_3	
W_{32}-f11o_4	W_{36}-f12o_4				
W_{10}-f7o_5	W_{15}-f9o_5	W_{20}-f9o_5	W_{25}-f12o_5	W_{30}-f9o_5	W_{35}-f10o_5
W_{12}-f5o_6	W_{18}-f0o_6	W_{24}-f9o_6	W_{30}-f0o_6	W_{36}-f10o_6	
W_{14}-f6o_7	W_{21}-f8o_7	W_{28}-f8o_7	W_{35}-f9o_7		
W_{16}-f7o_8	W24-f9o_8	W_{32}-f9o_8	W_{18}-f7o_9	W_{27}-f8o_9	W_{36}-f8o_9
W_{20}-f6o_10	W_{30}-f0o_10	W_{22}-f6o_11	W_{33}-f7o_11	W_{24}-f7o_12	W_{36}-f8o_12
W_{26}-f6o_13	W_{28}-f6o_14	W_{30}-f7o_15	W_{32}-f7o_16	W_{34}-f7o_17	W_{36}-f7o_18

A.3　零相关超立方阵列与固定水平阵列实例

A.3.1　W_{21}-h7o

这是一个超立方阵列，有 7 个正交列。

Alias	x0	x1	x2	x3	x4	x5	x6	x7	x8	x9	x10	x11	x12	x13	x14	x15	x16	x17	x18	x19
1	12	8	17	14	10	3	6	21	11	15	19	20	21	7	4	17	11	8	1	15
2	14	2	1	21	20	5	1	2	7	8	6	14	8	13	9	11	3	14	11	16
3	3	18	11	2	13	1	12	14	12	2	11	1	5	6	7	6	2	13	4	17
4	20	15	19	12	17	2	5	9	18	7	15	7	14	8	16	7	21	18	19	8
5	2	4	10	8	11	4	18	3	10	20	21	15	7	12	8	2	17	3	17	11
6	10	1	18	16	3	21	9	8	17	6	7	8	11	1	5	1	12	11	7	4
7	17	10	14	4	15	20	16	6	4	3	20	10	20	21	3	10	6	15	12	9
8	16	12	13	10	5	17	4	5	20	21	18	2	6	14	15	18	5	7	10	19
9	13	16	2	7	7	11	3	16	19	5	13	17	9	19	10	9	9	1	13	1
10	15	9	12	5	12	13	15	20	16	17	3	21	12	9	14	4	1	16	21	20
11	4	5	5	17	18	12	21	17	21	14	14	4	15	16	17	15	10	20	8	3
12	19	19	15	11	14	7	20	1	8	18	5	12	13	5	13	14	4	6	6	2
13	21	13	7	13	6	10	13	3	19	8	6	3	18	6	3	19	17	3		10
14	5	7	20	15	4	6	8	15	1	10	4	3	20	18	12	7	4	18	8	7
15	1	21	16	18	8	16	7	10	5	12	17	19	2	10	12	13	8	21	15	5
16	18	3	6	9	2	9	19	13	6	1	16	13	4	3	19	21	13	12	14	14
17	6	14	4	6	1	8	11	4	15	13	1	11	19	11	2	20	18	19	16	13
18	9	20	19	19	9	14	17	7	14	4	9	18	16	15	20	5	16	5	2	21
19	8	6	21	3	21	15	10	11	13	9	2	16	1	17	11	19	20	9	5	12
20	11	17	8	20	19	18	14	18	9	11	10	5	10	4	1	16	14	2	20	18
21	7	11	3	1	16	19	2	12	2	16	12	9	18	2	21	8	15	10	9	6

图 A.1　W21- h7o

	0	1	2	3	4	5	6	7	8	9	10	11	12	13	14	15	16	17	18	19
Pmax		0	0	0	0	0	0	.0044	.0088	.0134	.0178	.0225	.0269	.0313	.0491	.0581	.0979	.1421	.1465	.3047
acc		0	0	0	0	0	0	.0013	.0026	.0039	.0052	.0065	.0078	.0091	.0143	.0169	.0286	.0416	.0429	.0909
mSpd		0	0	0	0	0	0	1	2	3	4	5	6	7	11	13	22	32	33	70
sSpd		0	0	0	0	0	0	3	8	10	19	26	45	44	73	110	226	356	353	947
	0	1	2	3	4	5	6	7	8	9	10	11	12	13	14	15	16	17	18	19
0		0	0	0	0	0	0	.0013	0	0	.0013	.0026	.0078	.0052	.0078	.0169	-.013	.0221	.0364	.0792
1			0	0	0	0	0	.0013	.0013	0	.0026	.0026	0	.0065	.0065	.0143	.0247	.0312	.0429	.0312
2				0	0	0	0	.0013	.0026	.0026	.0026	.0052	.0065	.0026	-.013	.0104	.0221	-.039	.0351	.0779
3					0	0	0	.0013	.0026	.0013	.0026	.0039	.0052	.0143	.013	.0052	.0221	.0039	.0299	
4						0	0	.0026	0	.0052	.0065	.0039	.0091	.0013	.0052	.0247	.0312	.0338	.0338	
5							0	.0026	.0013	.0026	.0026	.0065	.0039	.0039	.0182	.0052	-.087			
6								0	0	.0039	.0052	.0039	.0078	.0026	.0065	.0026	.0273	.0403	.0338	.0519
7									0	.0013	.0026	.0039	.0026	.0026	.0104	-.013	.013	.0234	.0156	.0688
8										.0013		.0026	.0065	.0039	.0052	.0117	.0286	.0351	-.013	.0792
9											.0026	.0013	.0052	.0026	0	.0013	.026	.0221	.0377	.0208
10												0	.0026	.0052	.0104	.0143	0	.0416	0	.0675
11													.0052	.0039	.0117	.0169	.0416	.0013	.0896	
12														.0039	.0026	.0091	.0182	.0286	.0273	.0883
13															.0013	.0026	.0104	.0143	.0299	.0727
14																.0078	.0221	-.026	.0169	.0896
15																	.0091	.0195	.0403	.0909
16																		.0065	.0429	.0805
17																			.0429	-.087
18																				.0039
19																				
ρ	1	1	1	1	1	1	1	1	1	1	.9999	.9998	.9999	.9995	.9991	.9967	.9928	.9919	.9494	
ν	1	1	1	1	1	1	1	1	1	1	.9999	.9999	.9997	.9993	.9989	.9964				

图 A.2　W21-h7o 的相关矩阵

A.3.2　W25-f12o_24_5l

这是一个固定水平阵列，5 水平，有 12 个零相关列和 12 个弱相关列。

Alias	x0	x1	x2	x3	x4	x5	x6	x7	x8	x9	x10	x11	x12	x13	x14	x15	x16	x17	x18	x19	x20	x21	x22	x23
1	3	3	5	2	5	1	1	5	1	1	1	3	4	2	1	2	1	1	2	1	5	3	3	4
2	2	2	2	2	1	1	5	3	1	1	5	5	2	2	5	2	3	4	4	4	3	2	1	2
3	2	3	4	1	5	3	5	4	1	4	1	5	3	3	2	1	4	2	1	5	2	5	4	2
4	4	4	5	3	4	2	3	5	4	5	5	5	1	3	5	3	5	2	1	2	3	3	4	
5	4	4	5	5	1	4	3	4	1	4	2	3	4	4	2	1	5	1	1	5	5	2		
6	4	1	4	5	3	2	1	5	3	2	5	1	4	1	4	2	5	1	5	4	4	1	3	
7	1	5	1	4	5	5	2	5	2	1	4	5	2	5	4	3	2	3	3	3	1	1	1	
8	1	1	4	2	1	3	3	4	5	5	2	2	4	5	2	3	2	1	5	2	1	4	1	4
9	2	2	3	4	5	1	5	1	2	3	3	1	5	5	3	3	5	5	4	2	5	4	2	5
10	3	1	2	5	3	4	3	5	4	1	2	1	3	2	5	5	3	4	2	4	2	1	5	3
11	1	5	5	1	4	2	1	3	5	1	3	1	1	3	2	5	4	2	3	3	1	3		
12	3	3	3	2	1	3	4	1	4	3	4	2	1	2	4	5	2	4	1	5	5	5	1	
13	1	2	1	3	1	2	2	2	5	4	3	5	3	1	5	2	3	3	5	3	2	5	5	
14	4	2	3	2	2	4	2	5	4	4	3	5	5	2	3	1	1	2	4	1	5	5		
15	5	2	1	4	1	2	2	4	4	4	2	4	1	3	5	1	4	2	1	1	1	1		
16	3	4	2	3	1	1	2	1	5	2	1	2	5	6	4	3	1	4	2	2	4	4		
17	2	5	5	5	1	5	1	1	3	4	5	4	1	4	4	1	2	2	3	4	3			
18	3	2	1	4	4	5	3	3	2	5	1	2	3	1	3	3	2	1	1	5	3	5		
19	2	1	5	3	5	4	2	5	3	3	1	1	5	3	2	3	5	2	2	3	4	4		
20	5	2	4	1	3	4	4	1	1	1	3	3	4	4	1	4	3	1	1	1	2	4		
21	5	4	1	1	2	1	4	4	4	2	3	3	4	4	1	1	5	3	4	5	2	3		
22	4	5	3	2	4	1	4	1	1	1	1	1	3	3	5	3	2	2	3					
23	5	5	3	2	2	5	4	5	3	2	2	4	5	5	5	4	4	3	2	5				
24	5	1	4	2	3	5	2	3	2	5	1	5	4	4	3	4	2	1	4	5	4	2	1	
25	1	4	2	4	3	4	5	1	2	4	4	2	1	3	2	2	4	2	4	1				

图 A.3　W25-f12o_24_5l

	0	1	2	3	4	5	6	7	8	9	10	11	12	13	14	15	16	17	18	19	20	21	22	23
Pmax		0	0	0	0	0	0	0	0	0	0	0	.0757	.0757	.0757	.1504	.1504	.1504	.2241	.2241	.2961	.2961	.3657	.4321
acc		0	0	0	0	0	0	0	0	0	0	0	.02	.02	.02	.04	.04	.04	.06	.06	.08	.08	.1	.12
aSpd		0	0	0	0	0	0	0	0	0	0	0	1	1	1	2	2	2	3	3	3	3	3	6
rSpd		0	0	0	0	0	0	0	0	0	0	0	4	5	9	11	14	19	26	35	31	46	51	75
0		0	0	0	0	0	0	0	0	0	0	0	-.02	0	-.02	0	.02	0	0	-.02	-.02	-.06	0	-.1
1			0	0	0	0	0	0	0	0	0	0	0	0	.02	0	.06	.04	.06	0	.06	-.02	-.06	-.12
2				0	0	0	0	0	0	0	0	0	0	0	-.02	.02	.04	-.06	0	.08	.06	.02	-.08	.04
3					0	0	0	0	0	0	0	0	.02	0	0	-.02	-.04	-.06	-.02	-.04	-.08	.04		-.12
4						0	0	0	0	0	0	0	0	-.02	-.04	-.02	-.06	-.02	.06	-.12				
5							0	0	0	0	0	0	.02	0	-.04	.04	.04	0	.04	-.02	-.06	-.12		
6								0	0	0	0	0	0	-.02	.02	0	-.02	.04	-.06	-.02	.02	-.12		
7									0	0	0	0	0	-.02	-.02	-.02	0	.04	-.06	-.02	.02	-.08		
8										0	0	0	0	0	0	.06	.06	0	0	.04				
9											0	0	.02	0	-.02	0	-.02	-.02	.06	-.1	.12			
10												0	0	-.02	-.02	.02	.02	.02	0	-.02	-.06	-.02	.06	-.12
11													.02	0	.02	0	-.04	.02	0	.08				
12														-.02	0	-.02	.04	.04	.04	-.08	.04			
13															0	.06	-.06	0	0	-.1				
14																.02	0	0	-.04	.06	-.04	-.06	0	
15																	-.06	.06	.06	-.08	.02	.08		
16																		-.04	-.04	.02	.08	-.06	-.02	
17																			-.02	.08	-.06	-.06		
18																				.06	0	-.04	.04	
19																					-.02	-.04		
20																						.04		
21																								
22																								

图 A.4　W25-f12o_24_51 的相关矩阵

附录 B　混合水平零相关矩阵例

对于稍大一点的运行数，很难构造出全部混合水平阵列，一般来说，根据因子和水平的具体安排进行构造。所幸，构造混合水平比超立方水平要快得多。这里，发表一些例子。

W6_m3o_2−1_3−2

```
1 2 3
1 3 2
1 1 1
2 3 2
2 1 3
2 2 1
```

W6_m3o_6−1_2−1_3−1

```
1 1 2
2 2 3
3 2 2
4 1 1
5 2 1
6 1 3
```

W10_m5o_10−1_5−4

```
 1 4 1 4 1
 2 1 5 3 3
 3 5 4 2 3
 4 2 2 1 5
 5 2 4 4 4
 6 5 3 5 5
 7 3 3 1 1
 8 1 2 5 2
 9 3 1 2 4
10 4 5 3 2
```

W12_m6o_3−3_4−3

```
1 3 2 3 3 2
2 1 4 3 3 2
3 2 1 1 1 3
4 2 1 3 2 1
1 3 4 1 2 2
2 3 2 3 2 2
3 1 4 2 1 1
4 2 3 2 4 3
1 1 1 1 3 1
2 1 2 2 4 3
3 2 3 2 1 3
4 3 3 1 4 1
```

W14_m5o_2 − 1_7 − 4

```
1   7   7   7   6
2   2   1   6   6
1   1   3   5   3
2   5   1   7   3
1   7   2   1   1
2   6   3   1   5
1   3   4   4   2
2   1   6   2   2
1   2   5   3   5
2   4   4   2   7
1   3   5   3   7
2   6   6   4   4
1   5   2   5   4
2   4   7   6   1
```

W14_m4o_14 − 1_7 − 3

```
1    1   7   4
2    2   1   6
3    6   4   7
4    7   3   2
5    4   6   1
6    4   2   3
7    6   4   2
8    5   5   3
9    3   6   5
10   2   3   5
11   7   2   6
12   3   5   7
13   1   1   1
14   5   7   4
```

W15_m5o_3 − 3_5 − 2

```
1   5   3   1   1
2   2   2   4   1
3   3   2   5   2
1   1   3   3   2
2   2   3   4   3
3   1   2   1   1
1   5   1   2   3
2   3   1   4   3
3   4   2   2   3
1   4   3   5   2
2   4   1   2   1
3   3   3   1   3
1   1   1   3   2
2   2   1   3   2
3   5   2   5   1
```

W16_m5o_8 − 1_4 − 4

```
1   4   3   1   2
2   3   3   4   2
3   1   3   2   3
4   2   2   4   2
5   3   4   4   3
6   3   3   1   1
7   3   2   4   4
8   4   2   3   1
1   4   1   2   4
2   2   2   3   1
3   2   1   2   3
4   1   4   3   4
5   1   4   1   2
6   1   1   3   1
7   4   4   2   3
8   2   1   1   4
```

W33_m6o_11 − 2_3 − 4

1	11	1	2	2	2
2	6	1	3	1	3
3	2	1	3	3	2
4	1	3	1	2	3
5	2	2	3	1	1
6	6	3	2	2	1
7	3	2	1	3	1
8	3	3	3	2	3
9	5	2	3	3	1
10	6	1	2	3	2
11	4	2	1	1	2
1	3	1	1	2	2
2	9	3	2	2	2
3	11	3	1	3	1
4	8	3	1	3	3
5	1	2	1	1	1
6	2	3	2	3	3
7	8	2	1	3	3
8	7	2	3	3	3
9	11	1	2	2	1
10	10	1	1	1	3
11	7	3	3	2	1
1	4	1	2	3	1
2	10	3	3	1	2
3	4	2	2	2	2
4	5	2	3	1	3
5	7	1	2	1	2
6	10	2	1	1	1
7	9	3	2	1	3
8	8	3	3	2	1
9	5	1	3	2	2
10	9	1	2	3	3
11	1	2	1	1	2

W33_m6o_33 − 1_11 − 1_3 - 4

1	11	2	2	2	3
2	11	3	3	1	3
3	5	3	1	1	1
4	3	1	1	1	3
5	2	3	3	3	3
6	4	2	1	1	1
7	6	1	3	3	1
8	4	3	3	1	1
9	9	1	1	2	2
10	8	1	2	3	2
11	7	3	2	3	1
12	8	2	2	2	1
13	7	1	2	3	2
14	6	1	1	3	2
15	3	2	3	2	3
16	2	3	1	3	3
17	7	1	2	1	3
18	1	3	2	3	1
19	2	1	3	1	2
20	5	2	1	2	2
21	5	1	3	2	2
22	8	2	2	3	3
23	6	3	2	2	2
24	10	3	2	1	1
25	10	2	1	3	1
26	1	1	3	1	1
27	3	2	3	3	2
28	9	3	2	1	3
29	10	2	3	2	3
30	9	2	1	2	2
31	4	1	1	1	2
32	11	2	3	2	1
33	1	3	1	2	3